Le sale nous nourrit,

Le sucre nous réjouit.

—— Pierre Hermé

到不了的地方，
就用甜點吧！

Carol的
世界烘焙地圖

Carol 胡涓涓———— 著

Contents

Chapter 2 *Asia , Oceania*

亞洲及大洋洲的
烘焙點心

Chapter
3 *Europe, England*

歐洲與英國的烘焙點心

Chapter 4 *America*

美洲的烘焙點心

Preface

作者序

　　不知不覺走入烘焙的世界已經 10 多年，完全愛上自己動手做麵包及甜點，日子簡單而美好。一開始只是爲了讓家人吃得更安心更健康，但一頭栽進烘焙的世界，就發現其中無窮的快樂泉源，也在廚房找到自己的興趣所在。記錄這些食譜的過程，雖然花費大量的時間與精力，但可以跟大家在部落格及臉書互動學習，每天都過得非常充實而且滿足，也成爲自己前進的動力。

　　因爲家中有 15 隻毛孩子，我是一個沒有辦法出門旅行到處走走的人。常常在社群看到大家環遊世界，分享旅遊心情，還可以嘗試不同國家的美味特產，都讓我十分羨慕。人文風景也許還能夠從照片或文字中去感受，但美食若不是親自嚐過，無論如何是沒有辦法體會的，這也讓我興起何不自己動手製作，探索不同國家的美味糕點。美食無國界，隨著旅遊美食節目的興起，許多美食也被一一揭開了面紗，背後的故事以及獨特的做法也漸漸地被大家了解。藉由美食，我們可以看到不同文化的呈現，促進不同國家的人們互相交流學習，讓喜愛烘焙的朋友也可以認識更多美味的西點麵包。

　　這兩年多在製作這些食譜的時候其實遇到很多困難，因爲有些成品是台灣較少看到的，很多材料不好買或是根本沒有。但我希望將當地傳統的做法保留，口味能夠符合大衆，選擇方便容易取得的材料，又能夠適合家庭製作，在這反覆實踐操作

的過程中著實花了一些心力。每每完成一道成品，與先生 Jay 一同品嘗的時候，都感受到好多驚喜與感動，心情好像也跟著這些美味西點環遊世界了。原來在某某節目上介紹的點心是這樣的味道，就更想好好將這些甜蜜的食譜記錄下來與大家分享。在整理稿子的後期，還有一件意外的小插曲，因為外接式硬碟無預警損壞，導致完成的檔案幾乎全部遺失，讓我差一點要放棄此書的出版，幸好兒子 Leo 成功將檔案救回，才讓書稿得以順利完成。還要特別感謝遠在美國的好友君蒂與 Stephen 夫婦，在我查詢資料的過程給予建議及幫助。

烘焙是生活中不可或缺的一部分，空氣中瀰漫著甜甜的香味，每一次在烤箱前守候都有著滿滿期待與喜悅。因為相同的愛好讓我們遇見，謝謝你們 13 年來一路的陪伴，所以生活也多了溫暖與情誼。烘焙地圖展現在眼前，即使在小小的廚房也能夠看到廣大的世界。我相信喜愛烘焙的人一定懂得幸福的眞諦，把親手製作的點心變成家人甜蜜的依戀，也希望你們和所愛的人分享這份美好。

Carol
胡涓涓

Chapter *1*

烘焙前的準備
與製作基礎

Before baking

INSTRUCTIONS
烘焙前的使用說明 ———————

烘焙材料單位標示方式
・大匙→T；小匙→t；公克→g；立方公分→毫升→cc

重量換算
・1 公斤（1kg）＝ 1000 公克（1000g）
・台斤＝ 16 兩＝ 600g；1 兩＝ 37.5g
・1 磅＝ 454g ＝ 16 盎司（oz）＝ 1 品脫（pint）；1 盎司（oz）＝約 30g

容積換算
・公升＝ 1000cc；1 杯＝ 240cc ＝ 16T ＝ 8 盎司（ounce）
・大匙（1 Tablespoon，1T）＝ 15cc ＝ 3t ＝ 1/2 盎司（ounce）
・小匙（1 teaspoon，1t）＝ 5cc
・2 杯＝ 480cc ＝ 16 盎司（ounce）＝ 1 品脫（pt）

烤盒圓模容積換算
・1 吋＝ 2.54cm

如果以 8 吋蛋糕為標準，換算材料比例大約如下：
6 吋：8 吋：9 吋：10 吋＝ 0.6：1：1.3：1.6
・6 吋圓形烤模份量乘以 1.8 ＝ 8 吋圓形烤模份量
・8 吋圓形烤模份量乘以 0.6 ＝ 6 吋圓形烤模份量
・8 吋圓形烤模份量乘以 1.3 ＝ 9 吋圓形烤模份量
・圓形烤模體積計算：3.14× 半徑平方 × 高度＝體積

INGREDIANTS

本書使用的材料

粉類 POWDER

·高筋麵粉（Bread Flour）

蛋白質含量最高，約在 11-13%，適合做麵包、油條。高筋麵粉中的蛋白質會因為搓揉甩打而慢慢連結成鏈狀，經由酵母產生二氧化碳而使得麵筋膨脹形成麵包獨特鬆軟的氣孔。

·中筋麵粉（All Purpose Flour）

蛋白質含量次高，約在 10-11.5%，適合做中式麵點。

·低筋麵粉（Cake Flour）

蛋白質含量最低，約在 5-8% 以下，麵粉筋性最低，適合做餅乾、蛋糕這類酥鬆產品。

·全麥麵粉（Whole-Wheat Flour）

整粒麥子磨成，包含了麥粒全部的營養，添加適宜的全麥麵粉可以達到高纖維的需求。筋性接近中筋麵粉。

·玉米澱粉（Corn Starch）

玉米澱粉具有凝結濃稠的作用，需要勾芡常會使用。因為它具有無筋性的特點，所以做蛋糕時可以加入少量的玉米粉來降低麵粉筋度，增加蛋糕鬆軟的口感。

·糯米粉（Sweet Rice Flour）

使用圓糯米加工製成，成品濕黏且軟，帶有甜味，適合製成湯圓、麻糬及甜年糕…等產品。

·在來米粉（Rice Flour）

在來米加工製成，不具黏性較鬆散，適合製作蘿蔔糕、河粉等產品。

·熟綠豆粉（Mung Bean Flour）

由熟的純綠豆仁研磨的粉末，粉粒鬆散，呈棕色。含有豐富的蛋白質、維他命 B 群、碳水化合物、磷…等。

·熟黃豆粉（Soy Flour）

黃豆粉是黃豆炒熟後再磨製而成的粉末，含有豐富的食物纖維及濃郁的香氣，營養價值極高，可以沖泡或沾裹在糯米糰表面食用。

穀類 CEREAL

· 圓糯米（Glutinous Rice）

形狀橢圓、帶有甜味、具黏性，適合做甜米糕及麻糬類產品。

· 即食燕麥片（Oats）

燕麥含膳食纖維，可以爲烘焙點心增加口感。

糖類 SUGAR

· 蜂蜜（Honey）

蜂蜜用於烘焙中可以增加特殊風味。

· 棉花糖（Marshmallow）

棉花糖爲一種軟質糖果，由糖或玉米糖漿、打發的蛋白、動物膠質製作而成。具有彈性和韌性，因口感和質地與棉花相似而得名。

· 細砂糖（Castor Sugar）

糖除了能增加甜味，也具有柔軟、膨脹的作用。可以保持材料中的水分，延緩成品乾燥老化。細砂糖精製度高，顆粒大小適中，具有清爽甜味，容易跟其他材料溶解均勻，最適合做烘焙。

· 黃砂糖（Brown Sugar）

其中含有少量礦物質及有機物，因此帶有淡淡褐色。但是因爲顆粒較粗，不適合做西點。若要使用，必須事先加入液體配方中使之溶化。

· 黑糖（Black Sugar）

是沒有經過精製的粗糖，礦物質含量更多，顏色很深呈現深咖啡色。

· 糖粉（Powdered Sugar）

細砂糖磨成更細的粉末狀，適合口感更細緻的點心。若其中添加少許澱粉，可以做爲蛋糕裝飾使用，不怕潮濕。

· 水麥芽（Maltose Syrup）

水麥芽由澱粉加熱水發酵而成，易溶於水，具黏稠度，甜味比蔗糖弱。因爲顏色較淡，故也稱爲水飴。

油脂 OIL

·無鹽奶油 & 有鹽奶油（Unsalted Butter & Butter）

動物性油脂，由生乳中脂肪含量最高的一層提煉出來。奶油分爲有鹽及無鹽兩種。如果配方中奶油份量不多，使用有鹽或無鹽都可以。若是份量較多，最好使用無鹽奶油才不會影響成品風味。

·植物性油脂（Vegetable Oil）

此類屬於流質類的油脂，例如大豆油、蔬菜油、橄欖油、麻油、葡萄籽油或芥花油等，可以加入麵點中代替動物性油脂。

酵母類與膨大劑 YEAST & RAISING AGENTS

·速發乾酵母（Instant Yeast）

由廠商將純化出來的酵母菌經過乾燥製造而成，但是發酵時間可以縮短，用量約是乾燥酵母的一半。乾酵母開封後必須密封，放置於冰箱冷藏保存以避免受潮。

·泡打粉（Baking Powder）

泡打粉主要原料是小蘇打加上一些塔塔粉組成，遇水卽會產生二氧化碳，藉以膨脹麵團麵糊，使得糕點產生蓬鬆口感，可選無鋁成分的更安心。

·小蘇打粉（Baking Soda）

小蘇打粉（Baking Soda）化學名爲「碳酸氫鈉」，是鹼性的物質，有中和酸性的作用，所以一般會使用在含有酸性的麵糊中，例如含有水果、巧克力、酸奶油、優格、蜂蜜等。當鹼性的蘇打與酸性的成分結合，經過加熱，釋放出二氧化碳，使得成品膨脹。巧克力的產品添加適量的小蘇打粉，也會使得成品更黑亮。

奶類 MILK

·動物性鮮奶油（Whipping Cream）

由牛奶提煉，口感比植物性鮮奶油佳。適合加熱使用，打發的時候需要另外添加細砂糖才有甜味。還可以用於料理中做白醬，濃湯等。鮮奶油開封後要密封放冰箱冷藏，開口部分要保持乾淨，使用完馬上放冰箱，應該可保存 20-30 天。較不適合冷凍，冷凍會讓油脂分離。

·牛奶、奶粉（Milk）

可以增加成品的潔白，代替清水使得成品增加香氣及口味。配方中的牛奶都可以依照自己喜歡使用鮮奶或奶粉沖泡，全脂或低脂都隨意，最好是使用室溫的，才不影響烘烤溫度。如果使用奶粉沖泡，比例約是 90g 的水 +10g 的奶粉。

· 煉奶（Condensed Milk）
煉奶是添加砂糖熬煮的濃縮牛奶，水分含量只剩下一般鮮奶的1/4。添加少量就可以達到濃郁的牛奶味。

· 椰漿（Coconut Milk）
椰漿是由椰子肉壓榨出來的乳白色漿汁，具有特殊風味，含有糖份及油脂成分。有罐頭及粉狀兩種。罐頭打開可以直接使用，粉狀要加清水混合均勻還原。

起司類 CHEESE

· 奶油乳酪（Cream Cheese）
由全脂牛奶提煉，脂肪含量高，屬於天然、未經熟成的新鮮起司。質地鬆軟，奶味香醇，是最適合做甜點的乳酪。

· 乳酪絲（Shredded Cheese）
由牛奶提煉發酵製成的乳酪刨絲而成，加熱後，可呈現柔軟綿密的拉絲口感及效果。

**· 帕梅森起司
（Parmesan Cheese）**
帕梅森起司原產於義大利，為一種硬質陳年起司，含水低且味道香濃，可以長時間保存。蛋白質含量豐富，可以事先磨成粉末或切成薄片，再用於料理中。

堅果＆果乾＆果醬 NUTS & DRIED FRUIT & JAM

· 堅果（Nuts）
例如：核桃、胡桃、杏仁…等堅果類。購買的時候要注意保存期限，買回家必須放在冰箱冷凍室保存，以避免產生臭油味。

· 乾燥水果乾（Dried Fruit）
例如：蔓越莓、杏桃、桂圓、葡萄乾、無花果乾…等。由天然水果無添加糖乾燥而成。台灣氣候潮濕，最好放冰箱冷藏保存。

· 杏仁片（Almond）
大杏仁與中式南北杏不同，它有濃厚的堅果香，很適合添加在糕點中增加風味。去皮切成片狀，可做杏仁瓦片酥及表面裝飾。

· 杏仁粉（Almond Powder）
將大杏仁磨成粉狀，適合添加在蛋糕中及做馬卡龍。

· 椰棗（Date Palm）

椰棗為棕櫚科刺葵屬的植物，是中東一些國家的重要出口農作物。味道甘甜，含糖量高達 55-70%，可製成蜜餞食用。

· 榛果醬（Nutella）

義大利廠商費列羅 (Ferrero) 所生產的棕櫚油巧克力榛果醬，可以塗抹麵包、餅乾，也可以用作烘烤糕點的餡料。

· 果醬（Jam）

由水果加糖熬煮至濃稠而成，因為水分少但糖分高，風味更濃郁，也更適合長時間保存。

巧克力類 & 其他粉類 CHOCOLATE & OTHERS

· 無糖純可可粉（Unsweetencd Cocoa Powder）

為巧克力豆去除可可脂後，將剩餘的部分磨成粉，適合糕點中使用。

· 椰子粉（Desiccated Coconut）

椰子粉是由新鮮天然椰肉榨取完新鮮椰漿剩下的果肉，再加以乾燥製成粉狀，可以為成品增加香氣及嚼度。

· 抹茶粉（Wipes The Tea Powder）

天然的綠茶研磨成粉末狀態，微苦帶著清新的茶香，可以加入材料中增添日式風味。

· 紅麴粉（Red Yeast Rice Powder）

紅麴又稱紅麴米，是傳統發酵製品，用來釀造米酒、做為增味劑、食品著色劑，並能促進消化和代謝。將紅麴米乾燥磨成粉末，可添加在糕點中做為天然色素。

· 巧克力塊（Chocolate Block）

可以分為調溫型及非調溫型兩種，調溫巧克力含豐富的可可脂，必須適當的操控溫度，注意加熱的溫度，使得巧克力內部的結晶達到穩定，做出來的巧克力成品才會有光澤。非調溫型巧克力加熱方式較簡單使用方便，但是加熱時溫度也不可以超過 50 度 C 及加熱過久，以免巧克力油脂分離失去光澤。市售巧克力有片狀及鈕扣型，鈕扣型不需切碎可以直接加熱、使用方便，片狀需要切碎再加熱。

洋酒&香料類 WINE & SPICES

· 蘭姆酒（Rum）

以甘蔗做爲原料所釀製的酒。有微甜的口感，風味清淡典雅，非常適合添加於糕點中。

· 白蘭地（Brandy）

白蘭地的原料是葡萄，由葡萄酒經過蒸餾再發酵製成。蒸餾出來的白蘭地必須貯存在橡木桶中醇化數年。將橡木的色素溶入酒中，形成褐色。存放年代越久，顏色越深越珍貴。

· 櫻桃白蘭地（Kirschwasser）

櫻桃作成的蒸餾酒，主要產地爲瑞士、德國、阿爾薩斯一帶，因爲是蒸餾酒，所以酒色透明、不甜、酒精濃度較高。

· 君度橙酒（Cointreau）

又名「康圖酒」，是以橙皮釀製的酒，味道香醇，適合添加在甜點中。

· 威士忌（Whiskey）

威士忌是一種以發酵穀物製成的蒸餾酒精飲料，於白橡木桶中陳放一段時間，酒精濃度大約在40%，是蘇格蘭製造最有名的產品。

· 玫瑰水（Aqua Rosae）

由100%純玫瑰花瓣蒸餾而成，無色透明，有著濃郁的玫瑰香氣，也是土耳其最著名的產品。

· 香草精（Vanilla Extract）

由香草豆莢蒸餾萃取製成，直接加入材料中混合使用。

· 香蘭葉（Pandan Leaves）

東南亞常用的香料之一，有股特殊芋頭香味，可以打成汁液添加在甜點內，或當成天然色素。

· 月桂葉（Bay Leaf）

月桂葉也稱爲香葉，是月桂樹的葉子，具有獨特的芳香味道。新鮮採摘或脫水乾燥後的月桂葉常做作爲辛香調味應用於烹飪中。

· 小豆蔻粉（Cardamom）

小豆蔻是一種珍貴的香料，香氣濃郁，帶有些許辣味及薑味，可以幫助消化及口氣清新，用作菜餚調味品或糕點提味。

·香草豆莢（Vanilla Pod）

是由爬蔓類蘭花科植物雌蕊發酵乾燥而成，具有甜香的氣味。添加在西點中可以去除蛋腥，使得味道更爲甜美。使用方式爲：先以小刀將香草豆莢從中間剖開，將香草籽刮下來，然後再將整根豆莢與香草籽一起放入所要使用的食材內增加香味。

·肉桂粉（Cinnamon）

肉桂粉爲樟科植物天竺桂的樹皮或枝幹製成的粉末，帶有特殊芳香的味道。有促進腸胃蠕動、幫助消化、抑制細菌…等功效。

其他 OTHERS

·雞蛋（Egg）

雞蛋可以增加烘焙成品的色澤及味道，是非常重要的材料。蛋黃具有乳化的作用。烤製成品最後刷上一層全蛋液，能幫助成品表面色澤美觀。1 顆全蛋約含 75％水分，蛋黃中的油脂也有柔軟成品的效果。1 顆雞蛋淨重約 50g，蛋黃約佔整顆雞蛋重量的 33％，所以蛋黃大約是 17g，蛋白是 33g。

·吉利丁（Gelatine）

又稱明膠或魚膠，是從動物骨頭（多爲牛骨或魚骨）中提煉出來的膠質。常用來製作慕斯類及果凍類產品。吉利丁有片狀及粉狀兩種，片狀使用前先泡冰水軟化，粉狀則要直接倒入少量冷水中膨脹後使用。一定要將吉利丁粉倒入冷開水中，若是將冷開水倒入吉利丁粉中，會導致結塊而無法混勻。待吉利丁粉完全泡脹後再隔水加熱使之溶解，就可混合到冷的果汁或奶酪裡。

·鹽（Salt）

鹽可以增加麵團的黏性及彈性，在麵團中加鹽可以調節酵母的生長，使膨脹效果達到最大。鹽在麵團的比例約 0.8%-2.2%；少量添加，也可以使成品甜度適宜，降低甜膩感。

·寒天粉（Agar Powder）

寒天是從海藻中提取的凝固劑，是一種低卡路里而且凝固力強的植物性凝結劑。製作日式和菓子時常使用，可以在常溫下保持凝固狀態。

· 冷凍酥皮
（Frozen Puff Pastry Sheets）

酥皮是由麵皮包上奶油再折疊數次完成，成品經由加熱烘烤使得奶油層膨脹，達到多層次並且酥鬆的效果。手工製作較費時，使用市售成品省時省力。

· 伍斯特醬
（Worcestershire Sauce）

伍斯特醬又稱辣醬油或英國黑醋，是一款英國調味料，味道酸甜微辣，色澤黑褐，可以應用於各種菜餚調味。在台灣可以買到類似產品的「梅林醬」來代替。

· 紅豆（Azuki Bean）

紅豆也稱赤豆，鐵質含量高，富含澱粉。非常適合做成餡料搭配各式各樣甜點使用，也是日式甜點中最常見的餡料。

· 魚露（Fish Sauce）

魚露爲閩菜、潮州菜和東南亞菜餚中常用的調味料之一，以小魚蝦爲原料，經由醃漬、發酵、過濾後得到的琥珀色汁液，帶有濃重的鹹味和鮮味。

· 義大利辣香腸（Spicy Salami）

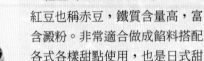

是在歐洲常見的風乾香腸（牛肉或豬肉製），將一定比例的肥瘦肉用鹽、胡椒、酒、辣椒粉…等調味料醃製入味，經過數月風乾再切成薄片，無需加熱，可直接食用。

· 生火腿（Parma Ham）

由豬腿肉加鹽醃漬再風乾製作而成，成品切成幾乎透明薄片，色澤嫩紅，味道鹹香，當成前菜或搭配料理一塊食用滋味絕佳。原產地是義大利帕爾瑪省（Parma）內的南部山區，帕爾瑪火腿也是全世界最著名的生火腿。

TOOLS

本書使用的工具

·烤箱（Oven）

一般 30 公升以上的烤箱，就適合家用烘烤，有上下火獨立溫控會更適合。書中標示的溫度大部分都是使用上下火相同溫度，除非有特別註明。烤箱最重要的是，烤箱門必須能夠緊密閉合，不讓溫度散失。

·量杯（Measuring Cup）

量杯用於秤量液體材料，使用量杯必須以眼睛平行看刻度才準確。最好也準備一個玻璃材質的，微波加熱很方便。

·量匙（Measuring Spoon）

一般量匙約有 4 支：分別爲 1 大匙（15cc）；1 小匙（5cc）；1/2 小匙（2.5cc）；1/4 小匙（1.25cc）。使用量匙可以多舀取一些，然後再用小刀或湯匙背刮平爲準。

·電子秤（Scale）

準確的將材料秤量好非常重要，秤量的時候要將裝材料的盆子重量扣除，電子秤比一般磅秤更精確，最小可以秤量到 1g。

·攪拌用鋼盆（Mixing Bowl）

最好準備直徑 30cm 大型鋼盆 1 個，直徑 20cm 中型鋼盆 2 個，材質爲不鏽鋼，耐用也好清洗。底部必須要圓弧形才適合，混合麵團攪拌時不會有死角。

·玻璃或陶瓷小皿（Small Glass or Ceramic Dish）

秤量材料時使用，也方便微波加熱融化使用。

·打蛋器（Whisk）

網狀鋼絲容易將材料攪拌起泡或是混合均勻使用。

· 手提式電動打蛋器（Hand Mixer）

可代替手動打蛋器，省時省力。但電動打蛋器只可以攪拌混合稀麵糊，例如蛋白霜打發、全蛋打發與糖油麵粉拌合等。不適合攪拌麵包麵團，以免損壞機器。

·食物調理機（Food Processor）

調理機的底部附有刀座，是可快速將食物切碎或混合的料理工具。多功能調理機還具備菜刀般的功能，能刨絲切片，很適合用於食材準備前置作業。

· 桌上家用攪拌機（Stand Mixer）

攪拌機馬力大，它的功能除了具備電動打蛋器打蛋白霜、打鮮奶油，以及混合蛋糕的麵糊之外，還可以攪拌麵包麵團，幫忙省不少力。

· 麵包機（Bread Maker）

除了直接烤麵包之外，功能多的麵包機還能夠幫助揉麵團、製作蛋糕、優格、果醬、麻糬…等，實用又方便，省力又不需要特別照顧。

· 分蛋器（Egg Separator）

可以快速有效的將蛋白與蛋黃分離。當然手也是很好的分蛋器，利用手指間的隙縫可以方便的將蛋黃蛋白分開。

· 過濾篩網（Strainer）

可以將粉類的結塊篩細，攪拌的時候才會均勻。

· 橡皮刮刀（Rubber Spatula）

混合麵糊攪拌，也可以用於將鋼盆中的材料刮取乾淨。最好選擇軟硬適中的材質，一體成型的產品更容易使用及方便清潔。

· 擀麵棍（Rolling Pin）

粗細各準備 1 支，視麵團大小份量不同使用。可以將麵團 成適合的形狀大小。

· 刮板（Scraper）

塑膠製，底部為圓弧形，方便刮起盆底麵團。

· 刷子（Brush）

有軟毛及矽膠兩種材質，矽膠材質較好清潔保存。成品進爐前塗抹蛋液或蛋白使用，也適合刷去麵團表面多餘粉類。

·木匙（Wooden Spoon）

長時間熬煮材料攪拌使用，木質不會導熱，比較不會燙傷。

·抹刀（Palette Knife）

將鮮奶油、巧克力醬…等裝飾材料塗抹在成品表面時使用。

·防沾烤焙布（Fabrics）

可以避免成品底部沾黏烤盤，自己依照烤盤大小裁剪。清洗乾淨就可以重複多次使用。

·防沾烤紙（Parchment Paper）

鋪在烤模或烤盤防止沾黏，整捲的防沾烤焙紙可以自行依照模具大小來裁剪。

·油力士紙杯（Paper Glass）

發糕類產品使用，最好搭配布丁模才比較有支撐力。

·鋁箔紙（Aluminum Foil）

包覆慕斯烤模防滲漏或墊於烤盤上使用。

·烤焙白報紙（Baking Paper）

某些蛋糕需要墊一層烤焙紙，以防止沾黏烤模方便拿取。此烤焙紙材質為白報紙，材質並不防沾，大多用於烤平板蛋糕鋪底或海綿蛋糕圍邊。可以在烘焙材料行購買整捲，再依照實際烤盤或烤模裁剪成適合的大小使用。

·計時器（Timer）

在發酵烘烤時，利用計時器來提醒時間，才不會發酵過頭或烘烤過久。可以準備兩個以上，使用上會更有彈性。

·溫度計（Thermometer）

煮糖漿或打發全蛋測量溫度時使用。

· 竹籤（Bamboo Skewers）

可測試蛋糕熟了沒有，如果竹籤插入成品中心沒有沾黏麵糊即可。

· 壓派石（Pie Weights）

烤派時，在派皮上放些重物，烤焙後的派皮才會平整。可使用洗淨的小石頭，或黃豆、紅豆，烘烤完收起來保持乾燥，即可重複使用。

· 切麵包刀（Bread Knife）

選擇較長且是鋸齒狀的，比較方便切麵包。

· 鋼尺（Steel Rule）

尺上有刻度，方便測量分割麵團使用，不鏽鋼耐用又好清洗。

· 滾輪刀（Wheel Cutter）

切割麵皮使用，有鋸齒形及標準形兩種變化。

· 厚手套（Oven Glovers）

拿取從烤箱中剛烤好的成品，材質要厚一點才可以避免燙傷。

· 蛋糕鏟（Cake Shovel）

蛋糕分切之後，用蛋糕鏟可以方便拿取。

· 蛋糕轉盤（Revolving Cake Stand）

裝飾鮮奶油蛋糕使用，可以利用轉盤塗抹得更均勻。

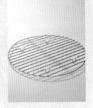

· 鐵網架（Cooling Wrack）

烘烤完成的成品出爐後，必須移至鐵網架上冷卻，避免烤盤餘溫使得成品變乾。

Kneading

麵團基本操作

01. 純手工揉麵 Hand kneading

手工搓揉甩打麵團是做麵包最直接最快速的方式，水分必須稍微保留 30g 在搓揉甩打麵團過程中分次添加，才不會過於黏手。麵筋在一次一次拉伸中快速形成，麵粉可以吸收更多水分。缺點是較費力，甩打過程也會製造出比較大的噪音。

配方中的液體可以依照個人喜好，用牛奶、水、蛋或豆漿代替。使用奶油前，需回復室溫，也可以用等量的液體植物油代替。液體添加份量務必達到麵粉最大吸收率，麵筋形成才會更好，麵團柔軟度要達到類似麻糬般 Q 彈柔軟，太乾的麵團無法搓揉出薄膜，而且組織會過於紮實並較容易老化。

Ingredients 材料

請依各食譜份量

Step by step 作法

1. 將所有材料（奶油除外）放入盆中，加入液體（若使用液體植物油請與液體一起加入），但液體的部份先保留 30g，在搓揉過程分 2-3 次加入。
2. 混合成為無粉粒狀態的麵團。
3. 移至桌面繼續反覆搓揉，剩下的液體分 2-3 次加入，搓揉至均勻。
4. 將軟化的奶油加入，搓揉均勻。
5. 抓住麵團一角，將麵團朝桌子上用力甩打出去，然後對折再轉 90 度，往桌上甩打。

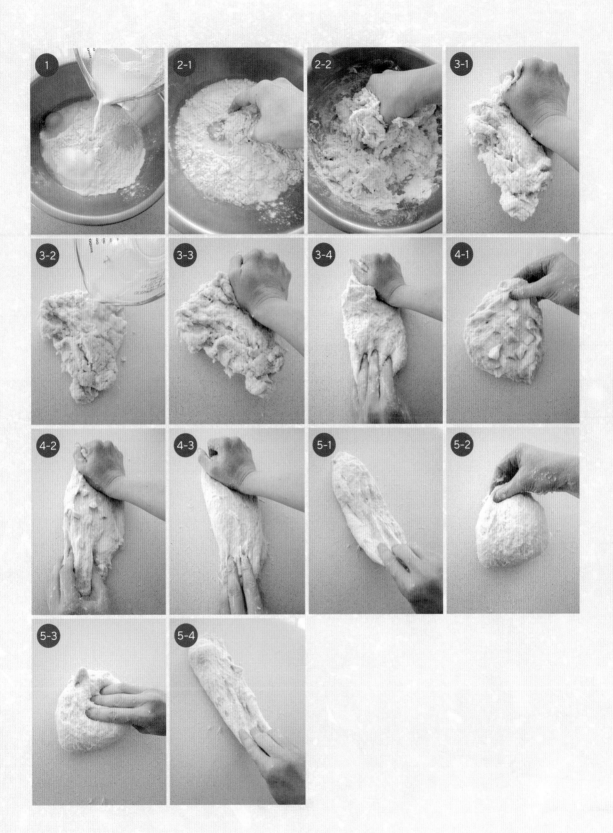

6. 一直重覆作法 5 的動作，直到麵團光滑並且可以撐出薄膜的程度。

7. 將麵團光滑面翻折出來。

8. 收口捏緊，朝下放入密封盒中。

9. 在麵團表面噴一些水避免乾燥。

10. 放入密閉的空間中，做第一次發酵 60 分鐘至兩倍大。

Baking Notes

1. 液體添加份量會與使用麵粉品牌吸水率有關，請自行斟酌。

2. 冬天天氣冷，發酵過程可以放密閉空間，例如：微波爐或烤箱中，旁邊放 1 杯熱水幫助提高溫度，水若冷了就再換 1 杯。

02. 水合折疊揉麵 Stretch & Fold Method

利用水合折疊法操作可以省去搓揉甩打的動作，所有材料混合完成就可以直接進行發酵。但配方中添加的液體會比一般麵包配方多一些，而且在發酵的過程中每隔一段時間就要對麵團進行「折疊拉伸」的步驟，幫助麵粉中的蛋白質在休息延展過程中吸收水分自動形成麵筋，這個操作方式對於很多無法甩打搓揉麵團的人來說應該很有幫助。此方式做出來的麵包一樣柔軟保濕，缺點是操作時間較久，但是輕鬆省力。

掃 QRcode 看
示範影片！

Ingredients

請依各食譜份量

Step by step 作法

1. 若使用無鹽奶油，請先微波加溫或融化成液態。
2. 將所有乾性材料放入工作盆中，加入融化的無鹽奶油或液體油脂及液體（包含雞蛋）。
3. 用手直接揉捏 3-4 分鐘，成為一個均勻的麵團，此時麵團是較濕黏會沾手的狀態，用刮板刮下手上沾黏的麵團。
4. 蓋上乾布或放密封盒中，室溫下發酵 30 分鐘。
5. 時間到，手沾一些水，用手直接將四周的麵團往中間折壓（約做 20 次）。
6. 蓋上乾布，再發酵 30 分鐘。

7. 時間到，手沾一些水，用手直接將四周的麵團往中間折壓（約做 20 次）。

8. 蓋上乾布，再發酵 30 分鐘。

9. 時間到，手沾一些水，用手直接將四周的麵團往中間折壓（約做 20 次）。

10. 蓋上乾布或放密封盒中，再發酵 30 分鐘，就完成第一次發酵。

Baking Notes

1. 使用水合折疊法操作，配方中的液體份量請多添加 20 g。

2. 液體添加份量會與使用麵粉品牌吸水率有關，請自行斟酌。

3. 每發酵 30 分鐘就折壓麵團，2 小時內共折疊麵團 3 次（每一次約折 20 次），完成第一次發酵。

4. 水合折疊法麵團整體是可以成團但又偏濕潤的狀態，可以自行控制水量調整太乾多加一點水，太濕多加一點高粉。

5. 若使用液體植物油的話，直接加入即可。

6. 水合的麵團會偏黏，會有部份麵團沾黏在手上是正常的，若混合完手還很乾淨就表示液體不足，就直接再多添加一些液體混合，直到麵團會沾黏在手上的程度為止。

03. 家用攪拌機揉麵 Household mixer kneading dough

小型家用攪拌機是烘焙的好幫手，除了打發蛋白或全蛋，也可以攪拌混合餅乾麵團或蛋糕麵糊，更可以攪拌麵包麵團，一機多用途。

Ingredients 材料

請依各食譜份量

Step by step 作法

1. 依序將液體（牛奶、水、蛋或豆漿）、細砂糖、鹽、奶油或橄欖油、高筋麵粉、速發乾酵母放入攪拌缸中。
2. 安裝上勾狀攪拌棒。
3. 一開始使用低速（1-2）將所有材料攪拌成團。
4. 再用中速（3-4）攪拌 15 分鐘，中間可以停下機器，將黏在缸底的麵團刮起再繼續攪拌。
5. 直到麵團可以撐出薄膜的程度。
6. 將麵團移出攪拌缸，在桌上滾圓，收口捏緊。
7. 麵團放在密閉容器中，噴水後置於室溫發酵 1 小時至兩倍大。

Baking Notes

液體添加份量會與使用麵粉品牌吸水率有關，請自行斟酌。

04. 麵包機揉麵 Bread machine kneading

利用麵包機揉麵團簡單又方便，只要將所有材料放入內鍋中，選擇自訂揉麵及發酵功能，省力又不需要特別照顧。

Ingredients 材料

請依各食譜份量

Steps by steps 作法

1. 先將攪拌棒安裝好，然後依序將材料放入：液體（牛奶、水、蛋或豆漿）→糖→鹽→高筋麵粉→無鹽奶油（或液體植物油）→將速發乾酵母菌倒入麵包機攪拌缸中。
2. 把攪拌筒放回機器中。
4. 選擇自訂行程：搓揉至出現薄膜的程度（約15-20分鐘）+第一次發酵（約60分鐘）。
5. 等待麵包機搓揉攪拌及完成第一次發酵。

Baking Notes

液體添加份量會與使用麵粉品牌吸水率有關，請自行斟酌。

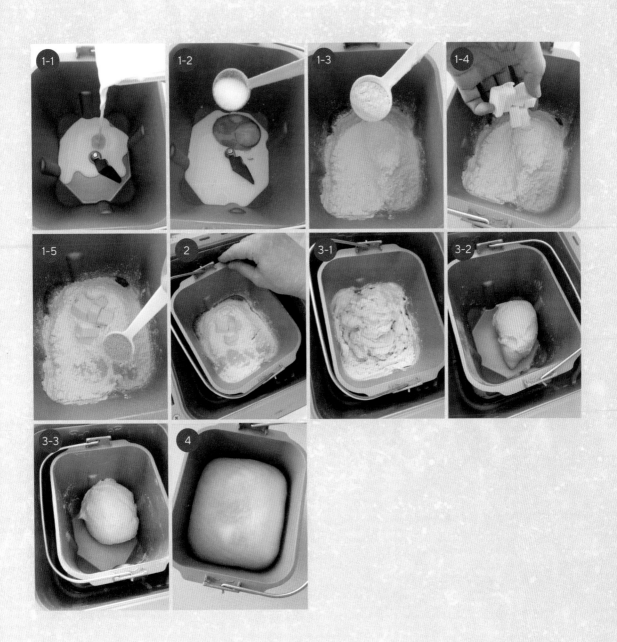

STUFFING

餡料製作

奶油紅豆餡

自己炒製紅豆餡雖然較費工，但是可以控制甜度，比起直接購買市售成品，我更喜歡親自動手做。完成的紅豆餡除了做為日式甜點餡料，也可以做為麵包或包子內餡，用途廣泛。

掃 QRcode 看
示範影片！

Ingredients 材料

小紅豆 150g　　無鹽奶油 30g
細砂糖 120g　　水 400g

Step by step 作法

1. 將小紅豆清洗乾淨，加入水。
2. 加熱至沸騰關火，蓋上蓋子悶 2-3 小時至小紅豆膨脹。
3. 再度加熱烹煮 1.5-2 小時，至手捏小紅豆可以輕易捏碎的程度。
4. 將多餘的紅豆湯倒出來（紅豆湯可以加糖飲用）。
5. 小紅豆加入細砂糖翻炒均勻，以中火加熱拌炒至水分收乾。
6. 再加入無鹽奶油，混合均勻。
7. 以小火持續炒至成團即完成，最後移出炒鍋冷卻。

Baking Notes

1. 烹煮小紅豆可以使用電鍋、電子鍋或悶燒鍋皆可，若直接在瓦斯爐加熱，水量需要增加 100-200g。

2. 甜度可以依照個人喜好自行斟酌。

3. 也可以用液體植物油來代替無鹽奶油。

4. 成品可以冷凍保存 3 個月。

黑糖蜜

黑糖在製作過程中的精製程度較低,所以保留了鈣、鉀、鐵、鎂及葉酸…等成分。在食用黑糖時,除了得到甜味,也同時可以攝取到其中所含的營養成分。黑糖帶有純樸甘香的滋味,搭配甜點多了一分濃濃古早風味。

Ingredients 材料

黑糖 150g
水 75g
水麥芽 30g

Step by step 作法

1. 用沸水煮盛裝的玻璃容器 3-5 分鐘殺菌,冷卻備用。
2. 將黑糖、水及水麥芽倒入鍋中。
3. 以中小火加熱至所有材料融化。
4. 繼續熬煮 6-7 分鐘至濃稠離火,倒入玻璃容器中,冷卻後放冰箱冷藏保存。

原味鮮奶油

將動物性鮮奶油充分攪拌就可以變成蓬鬆的發泡鮮奶油，適合裝飾蛋糕或做為夾餡使用。乳脂肪約 36% 的鮮奶油最適合打發，太高脂的話，操作較不好控制、容易油脂分離。打發前請充分冷藏，但不可以冷凍，開封後保持開口乾淨才能保存較長時間，但還是盡速使用完最佳。

Ingredients 材料

動物性鮮奶油 150g
細砂糖 10g
白蘭地酒 1 茶匙

Step by step 作法

1. 盛裝動物性鮮奶油的鋼盆底部墊冷媒或冰塊。
2. 將細砂糖及白蘭地酒倒入工作盆中。
3. 以中高速打發至挺立的程度，裝入擠花袋中放冰箱冷藏備用。

Baking Notes

也可以用蘭姆酒、香草精或檸檬汁代替白蘭地酒。

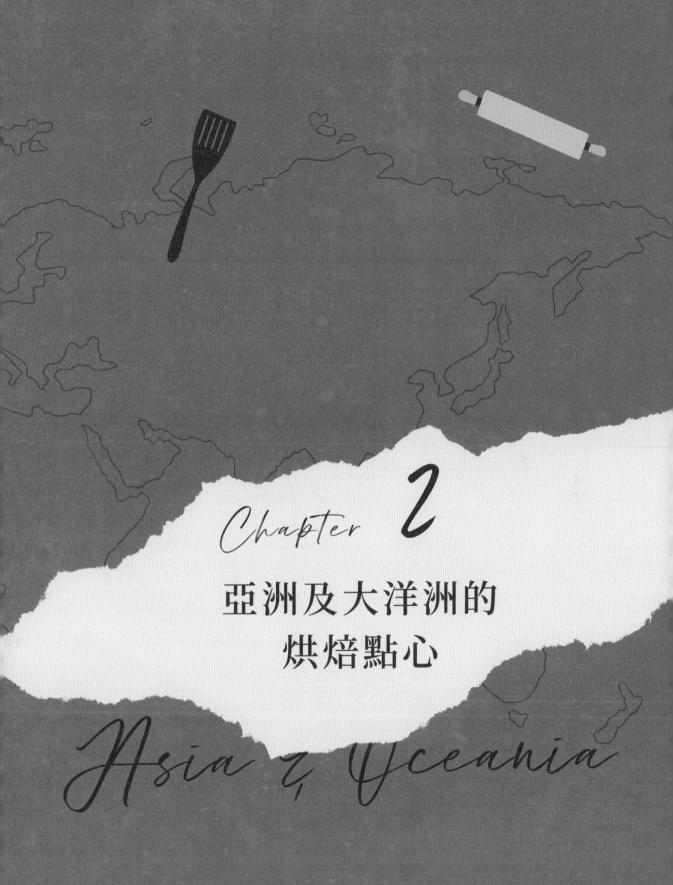

Chapter 2

亞洲及大洋洲的
烘焙點心

Asia & Oceania

호떡

糯米糖餅

糖餅是韓國街頭一款常見的小吃，它是流行的街頭食品，據說最初是19世紀後期、20世紀初期經由移民的中國商人傳到韓國。定居在韓國的中國人用糯米做出了類似家鄉年糕般的外皮，內餡則是芝麻、紅糖、肉桂和堅果。因為價格便宜而且美味，所以迅速在各地流行起來。

糖餅代表著冬天的小吃，軟Q的外皮，熱呼呼甜滋滋的內餡，相信到韓國旅遊的朋友應該都嚐過，在街頭散步時，可拿在手中輕鬆食用。其中因為加熱而融化成液態的紅糖混合著堅果，味道非常特別。

糖餅的麵團是由麵粉、糯米粉、水或牛奶、糖和酵母製成，再發酵1-2個小時至麵團膨脹。因為使用糯米粉，所以組織特別有彈性，發酵完成後再包入內餡，最後使用油煎或烤製而成。做好的糖餅要趁熱食用、風味最佳，因為放久會變硬，所以要吃多少做多少，隔天吃的話，小火乾烙加熱的口感較好；吃的時候要特別小心滾燙的內餡，別燙傷了。

Ingredients 材料（份量：約4個）

a. 餅皮

低筋麵粉 100g

糯米粉 50g

細砂糖 15g

鹽 1/8 茶匙

速發乾酵母菌 1/2 茶匙

液體植物油 10g

水 100g

b. 內餡

黑糖 60g

肉桂粉 1/2 茶匙

熟核桃 20g

Step by step 作法

製作餅皮

1 將 a 材料放入工作盆中。

2 倒入水，用手快速搓揉混合成團。

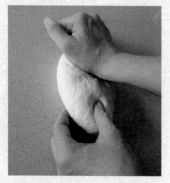

3 移至桌面反覆搓揉 5-6 分鐘至光滑。

4 將麵團滾圓，收口捏緊放入密封容器中，室溫發酵 60 分鐘。

製作內餡

5 核桃切碎。

6 加入黑糖及肉桂粉混合均勻，備用。

組合

7 在工作桌上撒些低筋麵粉，將發酵完成的麵團移出到桌面，表面也撒些低筋麵粉。

8 用手將麵團中的空氣壓下去並擠出來。

9 平均分割成4等份。

10 將小麵團光滑面翻折出來，收口捏緊滾圓，覆蓋乾淨的布，讓麵團休息15分鐘。

11 將麵團擀開成直徑約10cm的圓片。

12 包入適量內餡。

13 收口捏緊，稍微壓扁。

14 在平底鍋中倒1大匙油，待油溫熱後放入糯米餅，以中小火將餅煎至兩面金黃即可。

八ツ橋

八橋餅

八橋（八ツ橋）又稱八橋餅，是用米粉、砂糖、肉桂…等材料製作而成的日式點心，是日本京都最具代表性的名點特產。八橋原本是烤菓子，按照製作方式，可以分為「經過烘烤的八橋煎餅」以及「沒有烘烤的生八橋」。烘烤過的八橋餅屬於硬燒八橋，歷史最為悠久，將材料混合蒸煮，再擀壓成拱形薄片烘烤至脆硬，形狀模擬日本古箏，成品口感酥脆，深受老京都人喜愛。而沒有烘烤的生八橋則是在 1960 年代才開發出來，用同樣材料混合蒸煮，擀成薄片分切成為正方形，再將餡料放置於中間，然後對角折起，成為一個等腰直角三角形。

八橋餅的由來是為了紀念日本著名音樂家八橋成秀，他原本是三味線的演奏者，後來在江戶學習古箏。他對古箏的演奏方法做出了非常多的改良，之後一舉成名，奠定了近代日本古箏演奏樂式的基礎。但出了名卻給八橋成秀帶來了煩惱，他多次遷居改名，最後將名字改為「八橋檢校」直至去世。後來 1689 年聖護院的點心店玄鶴堂為了紀念他而製作出外形像箏的八橋煎餅。直至今天，很多人都會以八橋來緬懷這位對日本古箏樂曲有重大貢獻之鼻祖。

生八橋的餅皮軟嫩 Q 彈，吃得到淡淡肉桂香氣，豆沙內餡是最受歡迎的口味，但保存期限較短，請趁新鮮品嘗。

Ingredients 材料（份量：約 12 個）

糯米粉 35g
在來米粉 40g
細砂糖 30g
水 100g
紅豆沙 72g

【表面沾粉】

熟黃豆粉 2 大匙
肉桂粉 1/2 茶匙

Step by step 作法

1 熟黃豆粉+肉桂粉混合均勻，備用。

2 紅豆沙分成 12 等份（每一個 6g），搓圓。

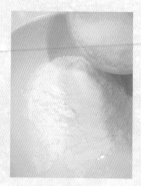

3 將糯米粉、在來米粉及細砂糖倒入耐熱容器中，混合均勻。

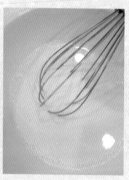

4 慢慢倒入水，混合均勻。

5 容器表面封上保鮮膜，放入微波爐中，用強微波微波 2-3 分鐘。

6 取出後將糯米糰攪拌均勻。

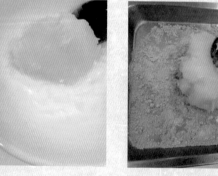

7 再次放入微波爐中，用強微波微波 1-2 分鐘，取出後拌勻。以上動作再重覆一次，建議 1 分鐘、1 分鐘慢慢增加時間。

8 讓黃豆肉桂粉均勻撒在盤中，待糯米糰稍微放涼 2-3 分鐘，再倒在黃豆粉上。

9 用手將糯米糰壓扁，讓表面均勻沾上黃豆肉桂粉。

10 糯米片移到工作桌上，擀壓成20cm*26cm 的片狀（桌上撒些黃豆粉防沾黏）。

11 切除周圍不整齊的部分，再切成約 6*6cm 的正方形。

12 包入紅豆沙然後對折，將周圍壓緊即可。

Baking Notes

1. 一次不要製作太多，建議當天做當天吃完，因爲冷藏後會變硬而影響口感。

2. 可依照自己喜歡的大小做尺寸調整。

3. 若不用微波爐製作糯米糰，可改用大火蒸 12-15 分鐘。

ういろう

外郎糕

外郎糕屬於日本蒸菓子的一種，從江戶時代其製作方式就流傳到日本各地，在日本很多地方如名古屋、小田原、伊勢、京都、神戶、山口⋯等地都可以看到，是出名的特產。不同地方做出來的外郎糕口味材料及外觀會有些不同，口感有點像糯米糕，嚼勁十足。

外郎糕的出現是距離現在約 600 年前，創始人是中國人陳延祐，原本他在順宗皇帝手下做員外郎的官，因爲元朝於 1368 年滅亡，所以他攜家帶眷逃往日本。到日本之後改姓「外郎」。由於他熟知醫學，在日本製作出止咳化痰的特效藥，深受大衆好評，稱爲「外郎藥」。此外，外郎家還會用米粉與糯米粉蒸製成自製糕點來招待客人，頗受大家喜愛，因爲是外郎家所製作，所以被人稱爲「外郎糕」，作法也流傳到日本各地方。

一般以米粉作爲主要材料，大部份是黑糖口味，而名古屋最知名的青柳本家製作的外郎糕種類十分多元，有白砂糖（白色）、黑糖（黑色）、抹茶、紅豆⋯等多種口味而且色彩豐富，是當地的特色伴手禮。而伊勢外郎糕特別之處是使用麵粉做爲主要材料，口感比米粉做的更有彈性，味道清淡溫和，操作方式也簡單快速。成品添加了艾草及紅豆，不甜不膩又軟 Q，十分好吃。

Ingredients 材料（份量：約 4-5 人份，使用 8cm*17cm*6cm 防沾材質容器）

a. 艾草紅豆麵糊

低筋麵粉 50g

艾草粉 1.5 茶匙

細砂糖 30g

蜜紅豆粒 40g

水 135g

b. 牛奶麵糊

低筋麵粉 50g

細砂糖 30g

牛奶 135g

Step by step 作法

1 將 a 材料中的低筋麵粉＋艾草粉過篩，放入鋼盆中。

2 加入細砂糖，混合均勻。

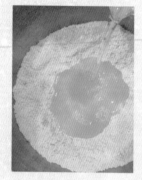

3 慢慢加入清水，攪拌成均勻麵糊。

4 將艾草麵糊過濾。

5 加入蜜紅豆粒混合均勻。

6 倒入耐熱容器中，表面封上耐熱保鮮膜（容器若不是防沾材質，請事先鋪一張防沾烤紙）。

7 放入已沸騰的蒸鍋，以中大火蒸 15 分鐘至竹籤插入沒有沾黏的麵糊即可取出。

8 將材料中的低筋麵粉過篩，放入盆中。

9 加入細砂糖，混合均勻。

10 慢慢加入牛奶，攪拌成均勻麵糊。

11 將牛奶麵糊過濾。

12 倒入作法 7 已蒸好的艾草糕上方，表面封上耐熱保鮮膜。

13 放入已經沸騰的蒸鍋中，以大火蒸 25-30 分鐘至竹籤插入沒有沾黏的麵糊即可取出。

14 從蒸鍋裡取出，撕去表面保鮮膜並放至冷卻。

15 用手稍微將蒸糕剝開，就能與容器分離。

16 倒扣出來，切成自己喜歡的大小食用。

Baking Notes

1. 建議一次不要做太大份量，當天做當天吃的口感最佳。
2. 室溫下可以放置 2 天左右。
3. 可用抹茶粉代替艾草粉。
4. 蜜紅豆粒作法參考 40-41 頁。

スイートポテト

地瓜燒

地瓜原產自熱帶中美洲，最先由印第安人人工種植成功，據說是在17世紀傳入日本，然後經琉球又傳到了薩摩，在九州地區廣泛種植，因此日本人稱地瓜為「薩摩芋」。由於地瓜燒的日本名稱是用片假名（外來語）Sweet potato 來呈現，許多人以為它起源於歐美，但地瓜燒其實是道道地起源於日本的甜點。明治時代，隨著西方甜點的流行，地瓜燒開始迅速普及並在日本各地傳播開來。

據說地瓜燒是明治時代在東京的西點烘焙師傅創造的，利用平價的地瓜結合西式甜點的技巧及做法，製作出這一款和風西點。這也帶動了日本新創的西式甜點風潮，如我們熟悉的草莓鮮奶油蛋糕及生巧克力都是屬於日本創造的流行西式甜點。

地瓜燒使用地瓜作為主要材料，加入糖、牛奶及洋酒混合，然後捏成橢圓形類似地瓜造型，最後再將蛋黃塗在表面進行烘烤，是一道健康且天然的甜點。這款點心非常適合家庭操作，甜度可以自行控制，幾乎沒有任何難度。唯一要注意的是因為地瓜品種不同，蒸熟後的含水量可能有差異，所以為了方便整型，添加的液體就需要斟酌。若地瓜太濕，液體就要少加或省略。

Ingredients 材料（份量：約 8 個）

地瓜 200g

細砂糖 15g

動物性鮮奶油 1 茶匙

無鹽奶油 10g

蘭姆酒（Rum）1 茶匙

乳酪粉 1 茶匙

【表面裝飾】

蛋黃 1 個

Step by step 作法

1 地瓜去皮切塊，以大火蒸 10-12 分鐘至熟軟。

2 將盤中多餘的水倒掉，壓成泥狀，冷卻後備用。

3 加入細砂糖、乳酪粉、無鹽奶油、蘭姆酒及動物性鮮奶油，攪拌均勻。

4 平均分成 8 等份。

5 在手中搓揉捏成橢圓形，排放在烤盤中。

6 在表面均勻塗刷一層攪散的蛋黃液。

7 放入已預熱至 200 度C 的烤箱中，烘烤 25 分鐘至表面金黃色即可。

Baking Notes

如果混合完成的地瓜泥太稀軟，可以用炒鍋小火翻炒一段時間，至水分散失成團，就比較容易塑形。

ようかん

煉羊羹

羊羹最早是用羊肉羊骨煮的羹湯，肉湯中的膠原蛋白冷卻後凝結成凍，然後佐餐食用。《宋書》裡記載，南北朝時代被俘虜的東晉將領毛修之做羊羹獻給北魏太武帝拓跋燾，還大受皇帝好評。800 年前，日本道元禪師在浙江省天童山修行，後來他將中國的飲食習慣帶回了日本，這其中就有「羊羹」。由於禪人因為戒律的因素不能吃肉，所以巧妙地用小紅豆來取代，但原本的名字卻沒有改變，從此「羊羹」就從佐餐料理變成了搭配抹茶的著名茶點。

一開始的日本羊羹是用小紅豆、糖、小麥麵粉或葛粉混合後蒸製的點心，吃起來的口感與外郎糕有些類似。直到天正 17 年（1589 年），和歌山的和果子店鶴屋（日本和果子商店駿河屋的前身）的店主岡本善右衛門，將原有的羊羹做了改良，發明了用寒天代替麵粉或葛粉來凝結定型，製成了煉羊羹，並將羊羹的形狀塑成方形。此後，羊羹就成了現在長方形的形狀。

羊羹主要依據寒天及水分的比例分成「煉羊羹」及「水羊羹」兩種，煉羊羹組織緊密，甜度最高，約為 60-70%，耐儲存。水羊羹和煉羊羹的製法相同，但水分含量高，糖度較低，約為 30%。煉羊羹雖甜，但搭配微苦的抹茶沖淡了甜膩，實在是絕佳的組合。

Ingredients 材料（份量：約 8-10 人份，使用 8cm*17cm*6cm 防沾材質容器）

寒天粉 2g

水（室溫）150g

黑糖 75g

市售紅豆沙（含糖）150g

Step by step 作法

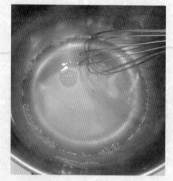

1 將寒天粉加入水中,攪拌均勻。

2 以中小火加熱 3-4 分鐘至寒天粉融化。

3 倒入黑糖,繼續加熱 2-3 分鐘至黑糖完全融化。

4 加入紅豆沙攪拌均勻。

5 以中小火再加熱 5-6 分鐘至沸騰即關火。

6 準備一個 8cm*17cm*6cm 長方形容器，鋪上防沾烤紙，倒入作法 5 的黑糖寒天豆餡，靜置至完全
冷卻並凝固的狀態。

7 撕開防沾烤紙，切成條
狀食用。

Baking Notes

1. 甜度可依照個人喜好調整，也可用細砂糖代
替黑糖。
2. 成品若放冰箱冷藏，可保存 3-4 個月。

まんじゅう

利休饅頭

利休饅頭是日本傳統點心和菓子其中的「蒸菓子」，製作方式是以蒸煮來完成。這類的和菓子最爲普遍，在日本街頭及超市隨處可見，也最受到日本大眾喜愛，是節慶喜事必備的傳統食物。雖然稱爲饅頭，但與我們一般中式的饅頭卻大爲不同，日本饅頭個頭比較小但內餡飽滿，而且外皮不是發酵麵團製作，其中又以「利休饅頭」最爲出名。

相傳利休饅頭是日本茶道大師－千利休最喜歡的日本甜點，故以他命名。千利休是日本戰國時代安土桃山時代著名的茶道宗師，日本人尊爲茶聖。16 世紀，喝茶成爲日本貴族的標誌，千利休對茶道進行了全方位的改革，融會了飲食、園藝、建築、花木、書畫、雕刻、陶器、漆器、竹器、禮儀、縫紉…等諸方面的綜合文化體系，成爲一套雅俗共賞的體系，創立了日本正宗茶道。

和菓子結合了日本茶道文化和精緻糕點工藝，甜而不膩地完美襯托茶香。吃一口和菓子，再飲一口茶，精神及心靈都提升至新的境界。

Ingredients 材料（份量：約 10 個）

a. 外皮

低筋麵粉 100g

小蘇打粉 2g

黑糖 60g

熱水 45g

b. 內餡

奶油紅豆餡 350g

*奶油紅豆餡作法請參考 40-41 頁。

Step by step 作法

1 將低筋麵粉及小蘇打粉混合均勻並過篩，備用。

2 黑糖加入熱水中攪拌均勻至完全溶化，冷卻備用。

3 將奶油紅豆餡平均分成 10 等份，一一搓圓。

4 將作法 2 的黑糖水倒入低筋麵粉中，混合成團。

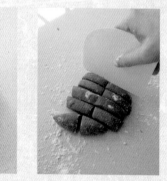
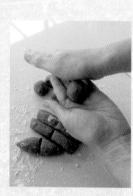

5 移至桌面反覆搓揉 5-6 分鐘至光滑。

6 將麵團平均分切成 10 等份，搓圓。

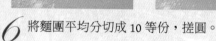

7 把每一個麵團擀壓成圓片。

8 包入紅豆餡。

9 收口捏緊，稍微滾圓。

10 每一顆的底部放一小張防沾烤紙，排入蒸籠內。

11 以大火蒸 10-12 分鐘即可。

Baking Notes

也可購買市售豆沙代替自製的奶油紅豆餡。

おはぎ

萩餅（牡丹餅）

萩餅是日本常見的和菓子，從江戶時代開始就是日本佛教彼岸節祭拜供奉祖先之用的祭品。佛教把今世叫做「此岸」，人逝去後到的另一個世界就是「彼岸」，也就是所謂的西方極樂世界。彼岸又稱爲「日本的清明節」，指的是春分、秋分及其前後各 3 天的 7 天時間。在彼岸時節，日本各地的寺院會舉辦「彼岸會」，許多家庭會請和尚念經，並爲祖先上墳、掃墓。

春分正是牡丹開花的時節，所以春彼岸時吃的紅豆沙糯米糰子叫做「牡丹餅」；秋分時節萩開花，所以秋彼岸時吃的叫做「萩餅」。傳統製作萩餅的材料有糯米、白糖和紅豆…等材料，白糖在古時候是很昂貴的食材，而紅色的紅豆則被認爲有「驅邪」、「保平安」的作用。裹在糯米外面的紅豆，看著就像盛開的萩花一樣，所以古時這種糕點被日本人稱作「萩之餅」或「萩之花」。在彼岸時節用珍貴的食材製作出能夠祛除穢氣的萩餅，代表著誠心祭拜祖先的方式。日本各地的牡丹餅和萩餅的大小、甜度和材料等都有些差異，如今的萩餅普遍作爲茶點供家人或招待賓客享用。不甜不膩的小豆餡與香軟的糯米飯互相包裹，再配上不同風味的沾粉，在口中交織出完美的樂章。

Ingredients 材料（份量：約 10 個）

a. 紅豆餡

小紅豆 100g

水 400g

細砂糖 75g

鹽 1/10 茶匙

b. 糯米外皮

白米 1/3 杯（約 55g）

圓糯米 2/3 杯（約 125g）

水 1 杯（約 180g）

細砂糖 2 茶匙

註：這裡用的杯是家中量米杯的份量

c. 表面裝飾

1. 熟黃豆粉 1 大匙 +1/2 茶匙細砂糖混合均勻

2. 熟黑芝麻粉 1 大匙 +1/2 茶匙細砂糖混合均勻

3. 海苔粉適量

Step by step 作法

1 小紅豆洗乾淨後浸泡清水一夜，隔天將浸泡的水倒掉，再倒入水 400g。

2 放入電鍋中，蒸煮 1-2 次至手壓紅豆會破裂的程度，然後倒掉多餘水分。

3 加入細砂糖及鹽混合均勻。

4 放到瓦斯爐上，以小火炒製（一邊煮一邊攪拌避免焦底），將豆餡水分收乾至濃稠成團狀，冷卻備用。

製作牡丹餅

5 白米及圓糯米洗乾淨後瀝乾水分。

6 加水浸泡 30 分鐘，備用。

7 依照平時煮飯的方式將米煮熟，煮好後不開鍋蓋，續燜 15 分鐘。然後加入細砂糖，混合均勻。

8 趁熱用擀麵棍將飯搗擊 3-4 分鐘，使得糯米飯產生黏性，搗擊至尚有部分米粒的感覺。

9 手上沾一些冷開水，將放涼的糯米飯平均分成 10 等份（1 個約 30-35g）。

10 將紅豆餡平均分成 10 等份，捏圓備用（1 個約 30-35g）。

11 取其中3個紅豆餡壓平，包裹住整個糯米飯糰，捏成圓形或橢圓形皆可。

12 手上沾冷開水，將剩下的糯米飯糰在手心中壓成一個薄片狀，放入紅豆餡，然後將收口捏緊，捏成圓形或橢圓形皆可。

13 準備好表面裝飾用的三種材料。

14 依照個人喜好在白色糯米飯糰表面沾上熟黃豆粉、海苔粉或黑芝麻粉即可。

Baking Notes

1. 因為牡丹餅為糯米製作，不適合冷藏，否則會變硬，建議做好要當天吃完。
2. 海苔粉可以到烘焙材料行購買，開封後必須密封放冰箱保存。
3. 砂糖份量請依照自己喜歡甜度做增減。
4. 捏製時，手先沾冷開水才好操作，避免糯米飯沾手。

しんげんもち

信玄餅

信玄餅是日本的傳統小吃，以糯米粉製成麻糬後，再撒上香氣十足的黃豆粉、淋上黑糖蜜，軟糯 Q 彈甜而不膩。這是日本山梨縣必買的名產，純樸的口味從昭和時代至今一直都沒有改變。

山梨縣座落於日本本州中部地方，相當於過去的甲斐國，四周被海拔 2000 公尺以上的群山所環繞，其中還包含日本最高山峰的富士山。此款點心的名稱是起源於戰國時期甲斐國主「武田信玄」，他是日本著名的政治家及軍事家。武田信玄出身於山梨縣，據說他在出兵時喜歡攜帶添加砂糖的甜餅，當做儲糧以備不時之需。這種甜餅慢慢就演化成爲信玄餅，也因此流傳開來。

信玄餅是山梨縣代表的甜點，在當地擁有非常高的知名度，在山梨縣以二家老字號糕點店「桔梗屋」與「金精軒」所製作的信玄餅最爲出名。在表面蘸滿黃豆粉的信玄餅上淋上黑糖蜜，可以品嘗到黃豆粉和黑糖蜜混合在一起的絕妙風味。

Ingredients 材料（份量：約 3-4 人份）

糯米粉 50g
細砂糖 25g
水 85g

【配料】

熟黃豆粉 50-80g
黑糖蜜 100g

Step by step 作法

1 糯米粉及細砂糖混合均勻。

2 慢慢加入水，混合均勻成粉漿。

3 在耐熱容器表面覆蓋保鮮膜，放入微波爐中，以 600W 加熱 1 分鐘。

4 取出後攪拌均勻。

5 耐熱容器表面再次覆蓋保鮮膜，放入微波爐中，以 600W 加熱 1 分鐘。

6 再次取出，攪拌均勻，以上述方式反覆加熱 2-3 次，至糯米糰完全熟透呈現透明感卽可。

7 在盤中均勻撒上熟黃豆粉，再倒入糯米糰。

8 讓糯米糰表面也均勻沾上一層熟黃豆粉。

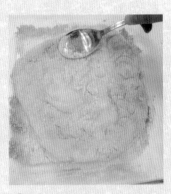

日本 JAPAN

9 用湯匙將糯米糰壓扁。

10 再用刮板或刀切成小塊。

11 最後淋上黑糖蜜享用。

Baking Notes

1. 也可以用花生粉代替熟黃豆粉。

2. 黑糖蜜作法請參考 42 頁。

3. 糯米糰不適合冷藏，久放會變硬，現做現吃
   口感最好。

4. 沒有微波爐的話，也可以用電鍋或蒸鍋，以
   大火蒸 15 分鐘，將糯米糰蒸熟。

だいふく

大福／草莓大福

大福是一款尺寸較大的日本和菓子，外皮由糯米製成，內裡包著紅豆餡。餡料使用比餅皮還多，外型渾圓飽滿，口感香甜軟糯。

大福的起源可以追溯到日本室町時代。當時有很多葡萄牙、西班牙的傳教士遠渡重洋來到日本，也帶來了很多西方的甜品。受到西方甜品的啟發，日本人做出一種名為「鶉餅」的食物，但「鶉餅」與現在的大福相比，製作方式粗糙許多，尺寸也更大，而且因為當時糖的價格非常高昂，所以內餡是鹹的紅豆顆粒，「鶉餅」充其量只是用來果腹的食物。直到鑑真和尚東渡，帶來砂糖製作技術後，砂糖從此開始普及，一位婦人就將「鶉餅」進行了改良，她將糖添加在糯米外皮及紅豆餡中，獲得了大家的喜愛。從此「鶉餅」的名字也改成了「大腹餅」，後來為了聽起來更順耳，就取其吉祥的諧音，改稱為「大福」，就這樣流傳至現在。

昭和 60 年（1985 年），東京曙橋一間名為大角玉屋的和菓子店，第三代店長大角和平希望製作出與不同食材的新式和菓子，經過不斷嘗試，開發出草莓大福，這特別的口味掀起了大流行，創造出經典。近年，隨著人們口味的變化，大福也出現許多新口味，包入其他材料如葡萄、奇異果、栗子、鮮奶油…等，都非常受到歡迎。酸甜的草莓搭配甜蜜的紅豆餡，這份美味值得親手一試。

Ingredients 材料（份量：5 個）

a. 糯米外皮

糯米粉 65g

紅麴粉 1/4 茶匙
（省略的話，即為白色外皮）

細砂糖 15g

水 95g

b. 草莓紅豆餡

奶油紅豆餡 150g

新鮮草莓 5 顆

* 奶油紅豆餡作法請參考 40-41 頁。

c. 防沾糯米粉

熟糯米粉 2 大匙

註：普通糯米粉舖平放入 150 度 C 的烤箱中，烘烤 10 分鐘取出放至冷卻，即成熟糯米粉。

掃 QRcode 看示範影片！

Step by step 作法

製作草莓紅豆餡

1 草莓洗淨後擦乾水分，去除葉子和蒂頭。將紅豆餡平均分成
6等份（每1份30g），捏成團狀。

2 將紅豆餡壓扁成大圓片，把草莓由下往上包裹起來。

製作草莓大福

3 b 材料的糯米粉、紅麴粉
及細砂糖攪拌均勻。

4 倒入水，攪拌成爲無粉粒狀態。

5 在耐熱容器表面封上保鮮膜，用強微波微波 1 分鐘，取出後拌勻，再次強微波 1 分鐘，重覆 2-3 次，直到糯米糰混合成透明狀態（若不微波，可用大火蒸 15 分鐘）。

6 將熟糯米粉鋪在工作桌上。

7 把糯米糰倒到熟糯米粉上，讓表面均勻沾裹。

8 平均切成 5 等份，將糯米糰滾圓，收口捏緊。

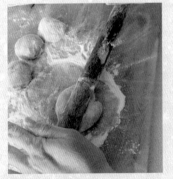

9 擀開成圓片，包入草莓紅豆餡。

10 最後將收口捏緊即完成。

梅ヶ枝餅

梅枝餅

梅枝餅是一種年糕甜點，是福岡縣太宰府天滿宮周圍的特色小吃。天滿宮相當於中國的孔廟，供奉著學問之神菅原道眞，每年有近 700 萬人前來參拜。福岡的太宰府天滿宮是其本宮，菅原道眞本人就葬在這裡，每年 3、4 月間，梅花交錯開放，祈禱考試合格或賞花的遊客接踵而至，整年絡繹不絕。雖然名字叫做梅枝餅，但並不是梅花做的餅，主要材料其實是糯米粉做成的軟 Q 外皮包裹紅豆餡的餅，使用專門烤盤烤製而成，味道簡單而樸實。

關於梅枝餅有個故事，據說菅原道眞因爲在政治上失勢，受到小人讒言迫害，結果流放到太宰府，還被軟禁在福岡的一個寺廟中。受到這樣的待遇，他每天鬱鬱寡歡，也沒有食慾。寺廟門口一位賣餅做小生意、名叫淨明尼的老婦人，看到他的處境深深同情，便好心地將自己做的烤餅偷偷送去給他吃。但關押他房子的窗戶是細小格子的木窗，老婦人的手伸不進去，只好將餅插在梅枝上，從窗戶的縫隙遞給菅原道眞吃。他吃了餅之後心情漸漸平復，食慾也慢慢恢復。解除關押之後，菅原道眞還常常光顧老婦的小攤子，於是梅枝餅漸漸成了太宰府必吃的名物。

家庭製作時不需要專門烤模，直接在平底鍋中乾烙，就能夠享用這份美味。

Ingredients 材料（份量：4 個）

奶油紅豆餡 120g
糯米粉 100g
水 90g

* 奶油紅豆餡作法請參考 40-41 頁。

Step by step 作法

1 將紅豆餡平均分成 4 等份，一一搓圓，備用。

2 在盆中倒入糯米粉，慢慢加水，混合均勻搓揉成團。

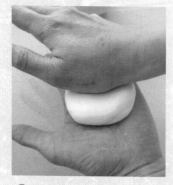

3 平均分成 4 等份，一一搓圓。

4 將糯米糰壓扁，包入紅豆餡。

5 收口捏緊，壓扁。

6 放入平底鍋中，以中小
火乾烙 3-4 分鐘後翻面。

7 再烙 3-4 分鐘，至糯米皮
帶有些微透明及淡淡焦
黃即可。

Baking Notes

梅枝餅現烙現吃口感最佳，吃不完可以冷
藏 3-4 天，或冷凍 3 個月，吃之前再用烤
箱烘烤 5 分鐘即可。

生食パン

生吐司

這幾年日本非常流行的生吐司也紅到台灣，連不喜歡吃麵包的人也難敵這股生吐司旋風。這款吐司是由大阪市的「乃が美」公司所開發的商品，標榜吐司有著新鮮鮮奶油的自然甘甜而且蓬鬆柔軟，不需要再烘烤就可以直接食用，像生巧克力般有著入口即融的感覺。

「乃が美」的社長阪上雄司並不是專業的麵包師傅，年輕時曾經開過燒肉店，還擔任大阪一家專業摔角公司的主席。他在一次參觀療養院的活動中，注意到院內的老人們會將早餐的吐司麵包邊留下來，因為這個部位較乾硬難以入口，而且有些兒童還會對雞蛋過敏。他被這件事啟發，開始研究嘗試，希望做出一款不含雞蛋，適合每個年齡層、柔軟甘甜的美味麵包。

2013 年 10 月 2 日，「乃が美」於大阪府上本町開幕，一開始銷售並不順利，一整天也只賣出 30 條吐司。但經由顧客口碑相傳，媒體也開始報導，馬上打響了知名度。現在在日本已經有了 125 家店面，店外隨時都排著長長的人龍。

因為貼心而誕生的吐司由蜂蜜、鮮奶油及牛奶製作，低溫烘烤使麵包有了柔美的外觀及口感。製作時，注意最後發酵不要太滿進爐，烤溫不要太高，就能夠完成這款美味的夢幻吐司。

Ingredients 材料（份量：12 兩吐司 1 條，10*20*10cm）

高筋麵粉 300g

細砂糖 15g

鹽 3/4 茶匙（約 3g）

蜂蜜 25g

速發乾酵母 1/2 茶匙（約 2g）

牛奶（室溫）170g

動物性鮮奶油 50g

無鹽奶油 20g

掃 QRcode 看
示範影片！

* 請依照 CH1「麵團基本操作」揉好麵團並發酵 1 小時至兩倍大。

Step by step 作法

1 工作桌上撒些高筋麵粉，將發酵完成的麵團移出到桌面，表面也撒些高筋麵粉。用手將麵團中的空氣壓下去並擠出來，平均分切成 2 等份。將麵團光滑面翻折出來滾圓。

2 覆蓋乾淨的布，讓麵團休息 15 分鐘。

3 在麵團表面撒些高筋麵粉，擀成長方形。

4 由短邊向內捲起成柱狀，蓋上乾布，再讓麵團休息 15 分鐘。

  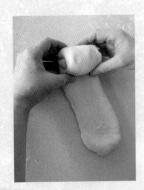

5　在麵團表面撒些高筋麵粉，擀成約 40cm 的長條，寬度同烤盒短向寬，捲起成柱狀。

   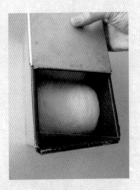

6　捲好的麵團收口向下朝內排入吐司烤模中，表面噴些水。

7　放在溫暖的密閉空間，再發酵 60-70 分鐘至 7 分滿模，蓋上吐司模上蓋。

8　吐司發好前 10 分鐘先預熱烤箱至 180 度C，放入已預熱到 180 度 C 的烤箱中烘烤 40 分鐘。

9　出爐後，馬上從烤模中倒出來，放在鐵網架上冷卻，完全冷卻再切片。

Baking Notes

若吐司模的材質不防沾，請事先塗抹一層無鹽奶油並撒上一層薄薄的麵粉，再將多餘的麵粉倒出，這樣才能順利脫模。

Easter bird dinner roll

復活節小鳥麵包

在西方國家，復活節是除了聖誕節外最重要的一個節日，臨近復活節時，商家都會擺上精美的彩蛋、撿彩蛋的小籃子，還有復活節標誌性的小兔子，還有各種各樣用來吸引孩子們的小禮物出售。復活節象徵著重生與希望，是慶祝春回大地一切恢復生機的節日。典型的復活節禮物跟春天和再生有關係：雞蛋、小雞、小兔子、鮮花…等。復活節前夕，孩子們為朋友和家人給雞蛋上色裝飾一番。復活節早上，孩子們會發現床前的復活節籃子裡裝滿了巧克力彩蛋、復活節小兔子、有絨毛的小雞及娃娃玩具。

用麵團製成小鳥造型，代表正在往北方遷移的雲雀，這是烏克蘭地區為復活節而準備的傳統節慶糕點。這些可愛又可食用的裝飾性小鳥可以放在復活節籃子中，再送到教堂供奉。麵團是使用一般餐包麵團，整型過程有趣又可愛，成品出爐讓人眼睛一亮，完全捨不得吃呢！

Ingredients 材料（份量：8個）

a. 麵包麵團

高筋麵粉 300g
鹽 1/4 茶匙（約 1g）
細砂糖 50g
無鹽奶油 50g
速發乾酵母 1/2 茶匙（約 2g）
雞蛋 2 個
牛奶 100g

b. 表面裝飾

全蛋液適量
熟黑芝麻少許
葡萄乾 2-3 粒

* 請依照 CH1「麵團基本操作」揉好麵團並發酵 1 小時至兩倍大。

Step by step 作法

1 工作桌上撒些高筋麵粉，將發酵完成的麵團移出到桌面，表面也撒些高筋麵粉。用手將麵團中的空氣壓下去並擠出來。

2 光滑面翻折出來，收口捏緊。

3 覆蓋乾淨的布，讓麵團休息 15 分鐘。

4 在麵團表面撒些高筋麵粉，將麵團壓扁，擀開成約 30*20cm 的長方形。

5 將麵皮平均切成 8 條。

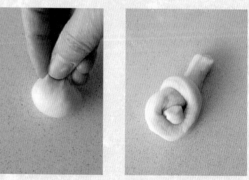

6 用手將每一條麵團搓揉成長約 40cm 的條狀。

7 前端切出長約 3-4 cm 一小段，捏成圓形。

8 將條狀麵團打單結，做出小鳥身體，尾巴部位稍微留長一點。

9 將圓形麵團放在單結上方，做成小鳥頭部，捏出尖嘴。

10 用刮板把後方的麵皮切出 3 道，做成尾巴。

11 用筷子將切小塊的葡萄乾壓入麵團中當眼睛。

12 間隔整齊鋪放在烤盤中，表面噴水，整盤放烤箱再發 60 分鐘至兩倍大。

13 進爐前，在麵團表面刷上一層全蛋液。

14 放入已預熱至 170 度 C 的烤箱中，烘烤 18-20 分鐘至表面呈現金黃色。

15 將小鳥麵包移出烤盤，放至冷卻。

Medovik

蜂蜜千層蛋糕

俄羅斯蜂蜜千層蛋糕是俄羅斯的傳統蛋糕，Medovik 在俄語就是「蜂蜜」的意思。這是一款需要耐心準備的甜點，由 8-10 層蜂蜜餅乾加上奶油餡組合而成，表面再覆蓋一層由剩餘餅乾碎及堅果碎混合而成的鋪面。將餅乾與奶油餡結合後，原本脆硬的餅乾吸收了奶油中的水分，就變得柔軟而美味，具有獨特的風味與特色。蜂蜜是俄羅斯傳統美食中很重要的材料，它是很容易取得的天然甜味劑，也是天然防腐劑。

這個蛋糕還有個非常有趣的故事，據說 19 世紀俄羅斯亞歷山大一世的妻子伊莉莎白·阿列克謝耶夫娜皇后不能忍受任何帶有蜂蜜味道的料理及甜點，只要有蜂蜜製作的東西都會令她發狂，因此帝王家的廚房就有了禁止使用蜂蜜這一個規定。但一位新來的年輕廚師並不知道這個規定，就用了自己祖父的配方做出了一款蜂蜜蛋糕。正當大家都以為這位年輕的廚師要倒楣之時，沒想到皇后不但吃完了蛋糕還要求再吃一份，並且大大稱讚了這位廚師，從此這款蛋糕就成了皇后喜愛的甜點之一。

Ingredients 材料（份量：1個，6吋）

a. 蜂蜜餅乾

低筋麵粉 300g
泡打粉 1/2 茶匙
細砂糖 80g
鹽 1 小搓
蜂蜜 3 大匙
無鹽奶油 60g
雞蛋 1 個

b. 乳酪餡

奶油乳酪 150g
動物性鮮奶油 200g
煉乳 50g

c. 表面裝飾

邊角餅乾 100g
核桃 60g

Step by step 作法

製作蜂蜜餅乾

1 低筋麵粉及泡打粉混合均勻後過篩，備用。

2 無鹽奶油切小塊回復室溫。

3 先煮沸一鍋水，另外將細砂糖、鹽及蜂蜜放入另一鋼盆中。

4 隔熱水加熱，將材料拌勻至無鹽奶油完全融化。

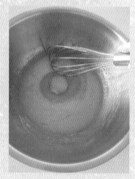

5 鋼盆移出熱水鍋，加入雞蛋，攪拌均勻。

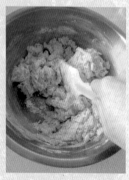

6 分兩次加入低筋麵粉，以刮壓方式混合成團。

7 麵團滾圓後壓扁成一大塊，再平均分切成 8 等份。

8 將每份小麵團滾圓，上下覆蓋保鮮膜，擀開成比 6 吋慕斯模稍大的圓片。

9 用慕斯模壓出一片圓形，周圍切出的麵團留下來。

10 鋪放在烤盤中，用叉子在麵皮上戳出均勻孔洞。

11 放入已預熱至 170 度 C 的烤箱中，烘烤 6-8 分鐘至金黃色。

12 分次將全部餅乾片及周圍切出的餅乾碎都烤完，冷卻備用。

製作乳酪餡

13 奶油乳酪切小塊並回復室溫。

14 奶油乳酪攪拌至滑順的乳霜狀態。

15 加入煉乳攪拌均勻。

16 動物性鮮奶油倒入鋼盆中（天氣熱，鋼盆底部可墊冰塊）。

17 用中速將鮮奶油打至9分發（尾端挺立的程度）。

18 把打發的鮮奶油分兩次加入奶油乳酪糊中，以「切拌」方式混合均勻。

19 完成後放冰箱冷藏，備用。

組合

20 將核桃鋪放在烤盤中，放入已預熱至 150 度 C 的烤箱中，烘烤 6-8 分鐘至金黃色，靜置冷卻。

21 把核桃及邊角餅乾放入食物調理機中，打成粗粉狀。

22 準備組合，每一片蜂蜜餅乾塗抹一層乳酪餡，將 8 片餅乾疊起來。

23 蛋糕周圍及表面也均勻塗抹一層乳酪餡。

24 最後在蛋糕表面沾裹一層核桃餅乾碎即完成。

25 密封後，放冰箱冷藏保存一夜再切。

Egg Tart

港式酥皮蛋塔

港式蛋塔又稱廣式蛋塔，20 世紀初起源於中國廣州，最初是由英式水果塔改良製作。1927 年，廣州的「眞光酒樓」首先推出蛋塔，一時之間造成轟動，所以其他酒樓餐廳的師傅也爭相學習蛋塔的製作，成爲廣式茶點的必點食品。40 年代隨著大量廣州移民移居至香港，也將蛋塔帶到了香港及澳門，經過再次改良，就變成了現在香港獨有的「港式蛋塔」，這才讓蛋塔發揚光大。

港式蛋塔的塔皮製作方式有兩種，一種是餅乾塔皮（Cookie crust），製作方式較簡易，口感扎實酥脆，在香港也稱爲「曲奇蛋塔」。另一種是中式酥皮塔皮，由油皮及油酥兩種麵團組合再反覆擀壓，此款做法成品層次分明，吃起來口感酥鬆不油不膩。兩款蛋塔的內餡皆類似廣式傳統甜品中的「燉蛋」，由牛奶、雞蛋及糖混合而成，表面光滑如鏡面，口感滑嫩，這就是港式蛋塔的獨特迷人之處。

「一件蛋塔加一杯奶茶」，這是香港茶餐廳中標準的下午茶，蛋塔甜香誘人，入口又鬆又滑，搭配香濃奶茶，實在是完美組合。

Ingredients 材料（份量：約 8 個，直徑 7cm 菊花塔模）

【酥皮】

a. 油皮

中筋麵粉 100g
糖粉 30g
雞蛋 1 個（淨重約 50g）
無鹽奶油（室溫）30g

b. 油酥

低筋麵粉 100g
無鹽奶油（室溫）60g

【蛋塔液】

雞蛋 4 個（淨重約 200g）
細砂糖 45g
煉乳 25g
牛奶 110g

Step by step 作法

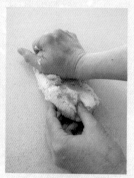

1 無鹽奶油切小塊，回復室溫。

2 將 a 油皮材料的糖粉、雞蛋及無鹽奶油加入中筋麵粉中。

3 用手混合均勻成團。

4 移至桌面搓揉 5-6 分鐘至光滑均勻。

5 密封麵團醒置 30-40 分鐘。

6 將 b 油酥材料無鹽奶油加入低筋麵粉中。

7 用手慢慢將奶油及麵粉捏合成為一個均勻團狀（不需要搓揉過久，避免麵粉出筋影響口感），密封好放冰箱，備用。

8 在工作桌及醒製好的酥皮麵團表面撒上少許中筋麵粉，擀開成為正方形，中間放上略整成方形的油酥麵團。

9 四周的油皮麵皮往中間折包住油酥，收口捏緊。

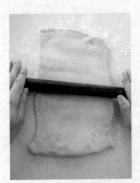
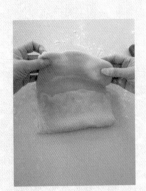

10 工作桌及麵團表面撒上少許中筋麵粉，擀成長方形然後折三折。

11 麵皮轉 90 度，再度擀開成為長方形，然後折三折。

13 麵皮再轉 90 度，再度擀開成爲長方形，然後折三折。

14 用保鮮膜包覆麵皮，放冰箱冷藏 30 分鐘。

15 在菊花塔模塗抹一層無鹽奶油，然後撒上一層低筋麵粉，將多餘麵粉倒掉。

16 取出麵皮，表面撒上少許低筋麵粉，擀開成爲 40*30cm 薄片。

17 用直徑約 8cm 的餅乾模壓出 8 個圓片。

18 每個圓片壓入塔模中，讓麵皮貼緊塔模，邊緣稍微捏至高出塔模邊緣少許，然後放冰箱冷藏，備用。

製作蛋塔液

19 將細砂糖及煉乳加入雞蛋中攪拌均勻。

20 加入牛奶攪拌均勻,用篩網過濾。

21 蛋液倒入塔模中約 8 分滿。

22 放入已經預熱至 190 度 C 的烤箱中,烘烤 16-18 分鐘至蛋液凝固。

23 冷卻後倒出塔模即可。

Sugar Puff Doughnuts

糖沙翁

沙翁為中國的傳統油炸甜食之一，流行於廣東、河南…等地，後來又傳至琉球群島。根據《廣東新語》中的記載，「沙翁」最早稱為「沙壅」，是祝賀新年的食物，由於「壅」字較艱澀，加上炸熟後撒了一層白糖，猶如滿頭白髮的老翁，故「沙壅」又稱為「沙翁」，也叫炸蛋球。

沙翁是用雞蛋、油及麵粉混合而成的麵團，油炸至金黃再沾裹一層砂糖而成。外皮鬆脆蛋香濃郁，內裡嫩滑充滿氣孔，外觀雖然類似甜甜圈，但雞蛋含量更高，吃起來口感更為蓬鬆酥軟。而且沙翁作法比甜甜圈使用的發酵麵團更為快速簡單，無需等待發酵，新手也能輕鬆完成。

沙翁是適合現做現吃的的點心，剛炸好熱呼呼最美味，冷了味道就差些。所以吃多少做多少，不要一次做太多。

Ingredients 材料（份量：約 15-16 個）

糯米粉 15g
中筋麵粉 30g
高筋麵粉 25g
牛奶 110g
液體植物油 20g
無鹽奶油 20g
鹽 1/8 茶匙
雞蛋 2 個（淨重約 110g）

【表面裝飾】

糖粉適量

Step by step 作法

1 　將糯米粉、中筋麵粉及高
　　筋麵粉混合均勻並過篩。

2 　牛奶、液體植物油、無鹽奶油及鹽放入鍋中，以中小火加熱至沸騰。

3 　將過篩的粉一次倒入，快速混合成團不沾鍋狀態後離火，靜置 2-3 分鐘稍微冷卻。

香港 HONG KONG

4 攪散雞蛋，分 4-5 次加入攪拌均勻，每次拌勻再加下一次。

5 鍋中倒入約 300 g 液體植物油，加熱至 80-100 度 C，用湯匙或小尺寸的冰淇淋杓舀起蛋糊，放入 130 度 C 的油鍋中。

6 炸至金黃膨脹即撈起。

7 表面撒上糖粉就完成了。

Cocktail Bun

港式雞尾包

香港有著獨特而迷人的多元氣息，於 150 多年前，中西文化在此融合，形成東西方價值並存的城市。50 年代，前身叫「冰室」的茶餐廳興起，揉合了香港特色的西式餐飲。主要提供咖啡、奶茶、麵包、三明治、蛋撻、冰品…等多元化的餐點。無論早餐午餐下午茶都可以在這裡找到，而且價格經濟實惠，成爲大眾生活中不可缺少的一部分。

茶餐廳中熱賣的「雞尾包」起源於 1950 年代的香港，據說是麵包店老闆利用沒有賣完的麵包製作出來的。當時戰後物資缺乏，而許多香港人對西式的麵包並不太接受，所以一些麵包店常常有剩下的麵包沒有賣完，但直接丟掉又太浪費。所以師傅將剩下的麵包撕碎，再混合砂糖及油脂作爲麵包內餡，重新組合烘烤成一款新的麵包上架販賣。因爲在組合的過程就好像調配雞尾酒一樣，所以稱爲「雞尾包」。

現在的雞尾包已經不再使用剩麵包做餡，改用椰絲代替，味道更爲濃郁香甜，也成爲香港特有的一款經典甜麵包。

Ingredients 材料（份量：約 6 個）

a. 椰蓉餡	b. 餅乾麵團	c. 麵包麵團	d. 表面裝飾
細砂糖 40g	無鹽奶油 25g	高筋麵粉 200g	熟白芝麻少許
椰子粉 40g	細砂糖 30g	鹽 1/4 茶匙（約 1g）	全蛋液
低筋麵粉 10g	低筋麵粉 15g	細砂糖 25g	
全脂奶粉 20g		無鹽奶油 20g	
無鹽奶油 50g		速發乾酵母 1/3 茶匙（約 1.5g）	
		雞蛋 1 個	
		牛奶 85g	

* 請依照 CH1「麵團基本操作」揉好
麵團並發酵 1 小時至兩倍大。

Step by step 作法

1 細砂糖與椰子粉混合均勻。

2 加入過篩的低筋麵粉及全脂奶粉混合均勻。

3 加入加溫融化的無鹽奶油混合均勻。

4 用保鮮膜包覆捏成團，放冰箱冷藏30分鐘冰硬。

5 冰硬後平均切成6等份備用。

製作餅乾麵團

6 無鹽奶油回溫，攪拌成乳霜狀。

7 加入細砂糖攪拌均勻。

8 加入過篩的低筋麵粉，以刮壓方式混合均勻。

9 裝入塑膠袋中，備用。

製作麵團與組合

 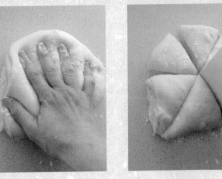

10 在工作桌上撒些高筋麵粉，放上麵團，表面也撒些麵粉。用手將麵團中的空氣壓下去並擠出來。

11 將麵團平均分割成6等份。

12 把小麵團光滑面翻折出來，收口捏緊滾圓。

13 覆蓋乾淨的布，讓麵團休息15分鐘。

14 在麵團表面撒些高筋麵粉，壓扁。

15 擀開成為長約12cm的橢圓形。

16 中央放上椰蓉餡，兩側麵皮往中間捏緊包起來成橢圓形。

17 整齊排放在烤盤上，於表面噴水，整盤放烤箱再發60分鐘至兩倍大。

18 進爐前在麵團表面刷上一層全蛋液。

19 裝餅乾麵團的塑膠袋前端剪一開孔，在麵團兩側擠出兩道。

20 撒上少許熟白芝麻。

21 放入已預熱至170度C的烤箱中，烘烤18-20分鐘至表面呈現金黃色。

22 將麵包移出烤盤冷卻。

Pandan Kaya

香蘭咖椰醬

咖椰醬（Kaya）是一種在馬來西亞及新加坡常見的甜點醬料，馬來語中的 Kaya 表示豐富，指成品有著非常豐富的味道及質感。咖椰醬是用雞蛋或鴨蛋、砂糖及椰漿…等材料隔水加熱煮至濃稠而成，可用來塗抹麵包或製作甜點。咖椰醬的起源不可考，但普遍認爲是由馬六甲的葡萄牙後裔發明，因爲 16 世紀時馬六甲被葡萄牙佔領殖民，咖椰醬與葡萄牙傳統美食 Doce De Ovos 非常相似。

咖椰醬通常有兩種版本，一種是添加了香蘭葉製成，色澤爲綠色，帶有芋頭香，而另一種則沒有添加香蘭葉，色澤爲淺棕色。製作過程使用隔水加熱（Bain-Marie）的方式熬煮，才能防止雞蛋凝固結塊，煮出細緻滑順的成品。

咖椰吐司是新加坡連鎖咖啡店亞坤（Ya Kun Coffeestall）的招牌產品，是由從中國海南移民到新加坡的黎亞坤與太太開發出來的。將炭烤至酥脆的吐司麵包橫剖成兩半，再塗抹自製的咖椰醬與切成薄片的奶油，搭配淋上醬油的半熟蛋及咖啡，這就是亞坤最出名的早餐。幾年前到新加坡曾經吃過一次，到現在都還念念不忘。咖椰醬材料很單純，很適合家庭操作，如果沒有香蘭葉就直接省略做成原味咖椰醬，其餘作法完全相同。

Ingredients 材料（份量：150g）

a. 香蘭咖椰醬

香蘭葉 3 枝（約 18g）
椰漿（椰奶）100g
細砂糖 45g
雞蛋 1 顆（淨重約 50g）
註：椰漿可以用罐頭包裝或使用椰奶粉沖泡

b. 香蘭咖椰吐司

吐司 2 片
冰的含鹽奶油 30g
香蘭咖椰醬適量

Step by step 作法

1 香蘭葉清洗乾淨剪小段，放入果汁機中，加入椰漿再攪打成泥狀，備用。

2 將香蘭椰漿湯汁過濾出來。　　*3* 加入細砂糖及雞蛋攪拌均勻。

4 另外取一個較大的盆子，加水煮至沸騰。

5 使用隔水加熱的方式，以中火加熱，一邊煮一邊攪拌。

6 煮至攪拌的時候出現「明顯濃稠的漩渦狀」，即可離火（約 10-15 分鐘）。

7 放至完全冷卻，裝入煮
沸晾乾的玻璃瓶中。

Baking Notes

放冰箱冷藏保存約 7-10 天，做好的香蘭咖
椰醬可以塗抹麵包或做為糕點餡料使用。

製作香蘭咖椰吐司

8 將吐司 2 片烤至酥脆。

9 在吐司表面抹上香蘭咖
椰醬。

10 將冰的含鹽奶油切成
4 小片。

11 最後放上奶油切片夾起，即可享用。

Serradura

木糠布甸

木糠布甸起源於葡萄牙，木糠指的是餅乾碎，布甸即是布丁，葡萄牙文名稱爲 Serradura，是葡萄牙語中的「木屑」一詞，意指布丁中的餅乾屑，因而得名，也稱爲木屑布丁（Macau pudding）。在葡萄牙殖民統治澳門時期流傳至澳門並發揚光大，是充滿葡國風味的著名甜品，也可以在香港，印度果阿（前葡萄牙殖民地）以及葡萄牙及西班牙語系國家中看到。

澳門街頭很多的甜品店都有這道美味，據說前澳門總督非常喜愛這款甜品，所以也稱爲「總督杯」。在澳門的不同餐廳和麵包店中都能輕鬆找到，近年也發展出更多口味，還被選爲澳門必吃的食物之一。

木糠布甸材料及作法都非常簡單，沒有複雜步驟而且不需烘烤，是一款很適合家庭製作的點心。傳統木糠布甸使用來自義大利的 Marie 餅乾，但其實可以用任何喜歡的牛奶餅乾來製作。將餅乾打碎成粉末狀，再與打發的鮮奶油交錯鋪放在杯中，放入冰箱冷藏使奶油凝固即可。成品層次分明，餅乾碎與鮮奶油完美結合，入口即融吃起來一點也不甜膩，可謂滋味絕妙。

Ingredients 材料（份量：4 個）

牛奶餅乾 80g
動物性鮮奶油 150g
煉乳 40g

【表面裝飾】

巧克力粉

掃 QRcode 看
示範影片！

Step by step 作法

1 牛奶餅乾放入食物調理機中打碎，備用（也可放入厚塑膠袋
中，再用擀麵棍打碎，越細越好）。

2 盛裝動物性鮮奶油的鋼
盆底部墊冷媒或冰塊。

3 加入煉乳。

4 以中速攪打鮮奶油霜至挺立狀態。

5 裝入擠花袋中，並使用
圓形擠花嘴。

6 將適量打碎的餅乾放入玻
璃杯底舖平。

7 再擠入適量的鮮奶油。

8 一層餅乾、一層鮮奶油疊放。

9 最後表面再鋪放一層餅乾碎。

10 放入冰箱冷藏過夜即可。

11 隔天取出布丁，撒上巧克力粉做裝飾即完成。

Baking Notes

1. 可用澳門瑪麗餅乾或任何喜歡的餅乾代替牛奶餅乾（但不要太油，清爽些的餅乾比較適合）。
2. 煉奶份量（甜度）可以依照個人喜好斟酌調整。

Macau Almond Cookies

澳門杏仁餅

去過澳門的朋友一定對杏仁餅不陌生，因為這是澳門香港的必帶特產之一。杏仁餅起源於廣東中山，由咀香園首創，再流傳至香港、澳門，已有百年歷史。

關於杏仁餅的由來有兩個說法，第一個說法是相傳元末期間，元朝的統治者不斷向人民收取各種賦稅，人民被壓迫嚴重，全國各地的起義絡繹不絕，其中最具代表的是以朱元璋為首的起義軍。因為戰時紛亂、糧食缺乏，朱元璋的妻子馬氏就用當時可以裹腹的材料，將小麥、綠豆、黃豆磨成粉做成餅，讓士兵帶在身上隨時可以吃，對打仗有很大的幫助。後來材料慢慢演變成以綠豆粉為主烘烤的餅，就是杏仁餅的始祖。

另一個說法較得到廣泛認可，清光緒末年間，廣東香山縣（現為中山市）有一家道衰退的書香世家。正逢母親大壽，但卻為了招待親友的開銷傷神。家中的婢女名為潘雁湘，生性聰穎且好學，有著製作糕點的好手藝。她就用綠豆粉，中間包著糖醃製過肥豬肉，製作了綠豆肉餅敬奉給老夫人。成品入口甜香酥鬆，肥而不膩，得到賓客一致讚賞，從此綠豆餅便打出名號，流傳鄉里。

最早的杏仁餅的原料中並沒有杏仁，是使用熟綠豆粉，然後製作成杏仁造型的餅，所以稱為杏仁餅。但是經過多年下來的演變，造型已經成為圓餅狀，而且也添加了杏仁粉，口感更豐富。成品味道純樸而且香氣十足，是非常適合配茶的點心。

Ingredients 材料（份量：約 35 個）

大杏仁粒（Almond）50g

熟綠豆粉 250g

杏仁粉 75g

糖粉 100g

無鹽奶油 65g

水 25g

掃 QRcode 看示範影片！

Step by step 作法

1 大杏仁粒放入已預熱至 150 度 C 的烤箱中，烘烤 10 分鐘。

2 取出烤過的杏仁粒放冷卻，全切碎備用。

3 無鹽奶油切小塊。

4 將熟綠豆粉、杏仁粉及糖粉放入工作盆中混合均勻。

5 加入無鹽奶油，搓揉均勻。

6 最後加入水，搓揉均勻至「在手中緊壓會成團」的狀態。

7 木模中放少許杏仁碎，填滿粉料壓緊。

8 用刮板刮除多餘的粉末，再度壓緊。

9 讓木模在工作桌上稍微敲幾下。

10 將杏仁餅扣出，間隔整齊排列在烤盤中。

11 放入已預熱至 140 度 C 的烤箱中，烘烤 30 分鐘。

12 取出後移至網架冷卻，密封保存。

Turkish Delight

土耳其軟糖

看過電影「納尼亞傳奇：獅子・女巫・魔衣櫥」的朋友，一定對白女巫買迪絲用來吸引小男孩愛德蒙出賣兄弟姐妹的土耳其軟糖充滿好奇。土耳其軟糖是世界上最古老的甜品之一，起源可以追溯到奧斯曼帝國時代，從問世以來其作法幾乎保持不變。土耳其軟糖在當地名字叫 Lokum，意思是「給喉嚨的安慰」。

這個美妙的糖果是由卡斯塔莫努（Kastamonu）小鎮的居民 Bekir Effendi 手工製作的，他於 1776 年來到伊斯坦布爾，並開設了他的甜點店－ Haci Bekir，販賣自己發明的新形態軟糖。沒想到這個軟糖大大走紅，貴族名媛將它用珍貴的蕾絲手帕包裹做為禮品送人。Bekir Effendi 也因此成為蘇丹的御用甜點師傅，土耳其軟糖也廣為流傳至一般大眾，成為過節或婚慶中不可缺少的伴手禮。

19 世紀，一位英國旅行者來到土耳其，他很喜歡這種甜點，就買了一箱土耳其軟糖乘坐一艘叫「Turkish delight」的船飄洋過海運回英國，並且用那艘船的名字給這個軟糖命名。軟糖很快在整個歐洲大受歡迎，並成為上流社會的主要美食。土耳其是世界上最大的大馬士革玫瑰生產國，玫瑰花瓣也得以被加工成味道獨特的玫瑰露，添加在軟糖中浪漫又帶有甜美的香氣，也是土耳其軟糖最出名的口味。

Ingredients 材料（份量：15*15cm）

a. 檸檬糖漿

水 350g
細砂糖 650g
檸檬汁 2 大匙

b. 軟糖

玉米粉 125g
檸檬汁 1 茶匙
水 480g
紅麴粉 2g
玫瑰水 1 大匙

c. 表面裝飾

防潮糖粉 100g

Step by step 作法

1 烤模內鋪放一張防沾烤紙。

2 b 材料中的紅麴粉加入玫瑰水攪拌均勻,備用。

3 將 a 材料的水、細砂糖及檸檬汁放入鍋中。

4 以中小火煮至 115 度C。

5 煮糖漿的時候,將 b 材料中的玉米粉、檸檬汁及水放入鍋中攪拌均勻。

6 以中小火加熱,邊煮邊攪拌,煮至濃稠狀。

7 將煮至 115 度C的糖漿分 3-4 次加入玉米粉漿中,邊煮邊攪拌均勻。

8 持續以小火熬煮，邊煮邊攪拌，約煮 45-50 分鐘至糖漿成濃稠膠狀。

9 倒入作法 2 的紅麴玫瑰水攪拌均勻。

10 繼續以小火熬煮，邊煮邊攪拌，再煮 10-12 分鐘至糖漿濃稠後關火。倒入烤模中，靜置至完全冷卻。

11 將軟糖移出烤模，撕開烤紙。

12 將軟糖切成方塊狀，表面均勻沾裹上防潮糖粉即可。

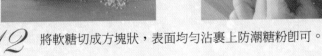

Jewish rugelach

猶太可頌餅乾

可頌餅乾是一種猶太式糕點，中世紀之後的近世出現，由阿什肯納茲猶太人發明，Rugelach 這個名字源於意緒第語，意思就是「小型呈扭紋狀的餅乾」。傳統的可頌餅乾是由添加了優酪乳或奶油乳酪的麵團製成，中間夾著水果乾、堅果及糖混合的內餡，再將麵團切成三角形，捲成牛角狀。可頌餅乾在以色列的咖啡廳及糕餅店很常見，是餐後的甜點或下午茶點心，也深受歐洲和美國的猶太人喜歡。

原始作法是由添加酵母的發酵麵團製成，但慢慢演變成無酵麵團製作，做起來更快速方便。在 1940 年代由美國的麵包師在麵團中添加了奶油乳酪，被更多人喜愛，作法也就一直保留至今。傳統上，可頌餅乾是在猶太安息日吃的，但是現在一年四季都可以享用，也很適合做爲派對上的小點心或送禮使用。

Ingredients 材料（份量：32 個）

a. 乳酪餅皮

無鹽奶油（冰）75g
奶油乳酪（冰）120g
低筋麵粉 150g
鹽 1/8 茶匙
蛋黃 1 個

b. 內餡

核桃 36g
葡萄乾 24g
黑糖 30g
肉桂粉 1 茶匙

c. 表面裝飾

牛奶、黃砂糖各適量

Step by step 作法

製作乳酪餅皮

1 無鹽奶油及奶油乳酪從冰箱取出，切小丁狀。

2 將低筋麵粉及鹽混合均勻。

3 將作法1、2的食材及蛋黃放入食物調理機中。

4 攪拌約30-40秒成團狀。

5 將麵團刮出，用保鮮膜包覆，放冰箱冷藏1小時。

製作內餡

6 將核桃、葡萄乾、黑糖及肉桂粉放入食物調理機中，攪拌約30-40秒成碎粒狀，備用。

組合

7 將麵團平均分成 4 等份，在手心中搓圓。

8 麵團上下鋪保鮮膜，擀開成為直徑約 15cm 的圓形片狀。

9 中央均勻鋪上內餡，邊緣留約 1cm。

10 分切成為 8 等份。

11 每一片三角形麵片由外側往內捲起成為牛角狀。

12 間隔整齊排放在烤盤中，表面刷上一層牛奶。

13 表面撒上少許黃砂糖。

14 放入已預熱至 170 度 C 的烤箱中烘烤 25-28 分鐘至表面呈現金黃色。

15 取出烤盤放到冷卻，密封保存。

Anzac biscuits

澳新軍團餅乾

每年的 4 月 25 日是澳大利亞和紐西蘭的澳新軍團日（Anzac Day），每到這一天，大家會吃一款以此命名的燕麥餅乾，這是為了紀念 1915 年，在加里波利（Battle of Gallipoli）之戰犧牲的澳大利亞和紐西蘭軍隊士兵的日子。

據說在第一次世界大戰時，紐西蘭和澳大利亞的婦女為了給即將遠征的丈夫送行，因而製作了這種餅乾。這種餅乾主要由燕麥、麵粉、椰子粉、砂糖、奶油、小蘇打製成。由於世界大戰時期的雞蛋短缺，所以餅乾材料中不含雞蛋。也因為沒有添加任何高蛋白質材料，加上烘烤得非常乾硬，所以比較防潮耐保存，方便軍人隨身攜帶並長途跋涉，即使放置很久也不容易變質。當士兵們在前線吃著餅乾，不僅只是果腹的食物，也有著對家人深深的思念。與其他的甜點相比，Anzac 餅乾多了一絲沉重與傷感的氣氛。

燕麥是一種低醣、營養豐富又高纖的食品，而且熱量很低，有助於通便減重。添加於其中的椰子粉可是畫龍點睛的一樣材料，增加了整體的香氣與咀嚼感，讓人口齒留香、欲罷不能。

Ingredients 材料（份量：12-15 個）

無鹽奶油 100g

細砂糖 60g

蜂蜜 2 大匙

低筋麵粉 100g

小蘇打粉 1 茶匙

即食燕麥片 100g

椰子粉 50g

Step by step 作法

  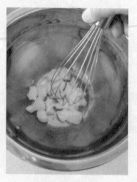 

1 無鹽奶油切小塊，回復室溫。

2 將低筋麵粉及小蘇打粉混合，均勻過篩。

3 無鹽奶油攪打成乳霜狀。

4 加入細砂糖及蜂蜜攪拌均勻。

5 低筋麵粉分兩次加入，以刮刀刮壓盆底的方式混合均勻。

澳 洲 AUSTRAILA

6 加入即食燕麥片及椰子粉，用括刀切拌成鬆
散狀。

7 最後用手抓捏至壓緊會成團的程度。

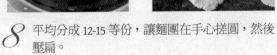

8 平均分成 12-15 等份，讓麵團在手心搓圓，然後
壓扁。

9 間隔整齊排放在烤
盤中。

10 放入已預熱至
180 度 C 的烤箱
中，烘烤 12-15
分鐘至表面金
黃色。

11 移出烤盤冷卻，密
封保存。

Chapter *3*

歐洲與英國的
烘焙點心

Europe & England

Basque Burnt Cheesecake

西班牙 SPIAN

巴斯克焦香乳酪蛋糕

「巴斯克焦香乳酪蛋糕」起源於西班牙的巴斯克（Basque）地區，被稱爲「Tarta de queso」，意思是家庭製作的乳酪蛋糕。這個蛋糕最大的特色是表面及周圍顏色烤得較深，甚至烤焦，這樣可以品嘗到焦糖化的特殊風味。

這道焦香乳酪蛋糕是聖塞巴斯提安（San Sebastian）一家名爲 La Viña 的小酒館中的愛爾蘭廚師所製作，大量遊客到訪爲的就是一嚐這份美味甜點，現在已經成爲巴斯克地區最廣爲人知的美食。

想吃不用特別飛到西班牙，我們可以親手試試看這道美妙的甜點，製作過程沒有難度，只要依照步驟將所有材料攪拌均勻即可，烘烤時廚房飄散著滿滿焦糖香味。也可以試試 La Viña 餐廳建議的獨特吃法，將西班牙雪莉酒淋在切片蛋糕上搭配著一塊品嘗，享受微醺的甜蜜時光。

Ingredients 材料（份量：8吋）

奶油乳酪（室溫）450g
細砂糖 150g
雞蛋（室溫）3 個
低筋麵粉 15g
動物性鮮奶油 220g

掃 QRcode 看示範影片！

Step by step 作法

_1_ 將奶油乳酪切小塊並回復室溫。

_2_ 將奶油乳酪攪打至乳霜狀。

_3_ 加入細砂糖，攪拌均勻。攪拌過程中，用刮刀刮下工作盆邊緣的乳酪再攪拌。

_4_ 一次加入一個雞蛋，每一次加入都需攪拌均勻，再加下一個。

_5_ 過篩低筋麵粉，加入攪拌均勻。

_6_ 最後加入動物性鮮奶油，混合均勻即完成麵糊（此時可以換成一般打蛋器操作）。

_7_ 在烤模中鋪放一張防沾烤紙。

8 將麵糊倒入烤模中。

9 放入已預熱至 200 度 C 的烤箱中，烘烤 40 分鐘。

10 取出蛋糕後靜置至完全冷卻，密封放冰箱冷藏。

11 撕開烤紙，可以用熱刀再切成喜歡的大小享用。

Mallorcan Ensaïmadas

奶油螺旋麵包

Ensaïmada 是來自西班牙馬略卡島（Mallorcan）著名傳統甜麵包，是馬略卡島最具象徵意義的美食之一。馬略卡島是西班牙巴利阿里群島中的最大島嶼，位於西地中海，是熱門的旅遊景點。這是一種看似簡單，有點甜但又不太甜的麵包，在馬略卡島和西班牙的麵包店非常受到歡迎。螺旋狀的造型可以追溯到 17 世紀，當時它是為節日和慶典而製作的食品。

傳統的奶油螺旋麵包是由酵母、水、麵粉、糖、雞蛋及豬油製成，混合完成的麵團擀成薄片再抹上一層豬油，然後盤繞成螺旋狀再烘烤至金黃，最後表面撒上糖粉即完成。吃起來外表酥脆、內部組織多層次又柔軟，風味十足。此處作法將豬油改為奶油製作，材料運用更方便。

類似的產品因為屬於西班牙殖民地或是隨著移民帶入，在菲律賓、阿根廷、波多黎各也都可以見到。奶油螺旋麵包通常做為早餐食用，搭配熱巧克力或咖啡非常適合。

Ingredients 材料（份量：1個）

a. 麵包麵團

高筋麵粉 300g
鹽 1/2 茶匙（約 2g）
細砂糖 45g
速發乾酵母 1/2 茶匙（約 2g）
雞蛋 1 個
牛奶 150g
無鹽奶油 30g

b. 內餡

無鹽奶油 50g

c. 表面裝飾

糖粉適量

Step by step 作法

1 請依照 CH1「麵團基本操作」揉好麵團，並發酵 1 小時至兩倍大。

2 工作桌上撒些高筋麵粉，將發酵完成的麵團移出到桌面，表面也撒些高筋麵粉。

3 用手將麵團中的空氣壓下去並擠出來。

（第三張圖）

4 將光滑面翻折出來，收口捏緊，覆蓋乾淨的布，讓麵團休息 15 分鐘。

5 在麵團表面撒些高筋麵粉，擀開成一張約 40*50cm 的長方形大薄片。

6 在麵皮上均勻塗抹一層無鹽奶油。

7 從麵皮的長邊開始捲起，捲成柱狀。

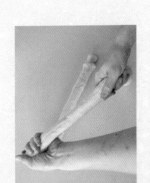

8 接著稍微拉伸麵皮，再捲成螺旋狀。

9 將麵團放在烤盤中，表面噴水，整盤放烤箱再發 60 分鐘至兩倍大。

10 放入已預熱至 170 度 C 的烤箱中，烘烤 20-22 分鐘至表面呈現金黃色，移出烤盤後靜置冷卻。

11 表面撒上糖粉，再分切成想要的大小。

Spanish Almond Cake *(Tarta de Santiago)*

西班牙杏仁蛋糕

西班牙杏仁蛋糕起源於加利西亞，是西班牙一款受歡迎的甜點，起源據說可以追溯到中世紀。蛋糕以西班牙守護神聖詹姆斯（Saint James）的名字命名，配方採用許多伊比利亞甜點中的傳統材料，例如：雞蛋、檸檬和杏仁，最特別的是這款蛋糕完全不使用麵粉製作，是一款無麩質蛋糕。

傳統上，蛋糕表面會裝飾糖粉，並有聖詹姆斯十字架（Cross of Saint James）的花紋，也是此蛋糕名稱的由來。表面裝飾的十字架是在 1924 年出現，當時聖地牙哥德孔波斯特拉的一家糕點店師傅何塞·莫拉·索托（Jose Mora Soto）首先用聖詹姆斯十字架裝飾了蛋糕。據他的後代說，他希望賦予傳統產品一種與眾不同的感覺。沒想到這個想法非常成功，很快就被其他糕點店仿效，此後不久，這個裝飾遍佈整個加利西亞。

蛋糕通常在整個 7 月和 8 月的第一週食用，因為 7 月 25 日是慶祝使徒節聖地牙哥的日子。但現在一整年隨時都可以享用這款蛋糕，配杯咖啡或紅葡萄酒，就是假日或飯後的完美甜點。

Ingredients 材料（份量：1 個，6 吋不分離烤模）

冰雞蛋 2 個（淨重約 100g）

檸檬汁 1/4 茶匙

細砂糖 60g

杏仁粉 130g

肉桂粉 1/4 茶匙

檸檬屑 1/2 個

柳橙屑 1/2 個

Step by step 作法

1 在烤模內塗抹一層薄薄的無鹽奶油（份量外），再鋪上白報紙。

2 將檸檬及柳橙刷洗乾淨，刨出外皮皮屑，備用。

3 蛋白及蛋黃仔細分開，將檸檬汁及一半份量的細砂糖加入蛋白中。用打蛋器打發至蓬鬆，再加入剩下的細砂糖，打成尾端挺立的蛋白霜（乾性發泡）。

5 加入蛋黃，以低速混合均勻。

6 再將杏仁粉分兩次加入，以切拌方式混合均勻。

7 過篩肉桂粉，加入麵糊中，以切拌方式混合均勻。

8 最後加入檸檬皮及柳橙皮屑，以切拌方式混合均勻。

9 將麵糊倒入烤模中，抹平整，進爐前在桌上
　輕敲數下。

10 放進已預熱至 160 度 C 的烤箱中，烘烤 38-40
　　分鐘至表面呈現金黃色。

11 出爐後將蛋糕移出烤模，撕除烤紙。

12 待蛋糕完全冷卻後，將十字剪紙放在蛋糕
　　表面，篩上糖粉即完成。

Polvorones

杏仁酥餅

Polvorones 起源於西班牙安達盧西亞（Andulucia）地區的一款厚實的酥餅，與另一款西班牙著名的酥餅 Mantecado 屬於同類型的甜點。兩者都是由豬油、麵粉、糖和堅果製成，不同之處在於 Mantecado 一年到頭都可以看到，其中除了杏仁也會添加一些如肉桂、芝麻、杏仁、榛子…等材料。耶誕節通常會食用 Polvorones，它含有比例較高的杏仁，成品表面還會撒上一層糖粉。這種酥餅的口感非常酥鬆、入口即化，在西班牙很受歡迎。

西班牙酥餅的歷史最早可以追溯到 16 世紀，安達盧西亞自治區的埃斯特帕市（Estepa）一直以來是以養豬業為主，豬隻可以在橡木林中自由放牧。18 世紀的時候，拿破崙的軍隊為了阻止敵軍遊擊隊藏匿，所以將森林砍伐變成平原，當地農民就運用這片平地種植穀物，每當有剩餘的穀物及豬油就被利用做成酥餅。1870 年有農民將酥餅的製程改良，烘烤得更為乾燥，吃起來的口感就跟剛烤出來一樣，而且便於儲存運輸，至此酥餅開始流行。

此處的作法是將傳統的豬油改為較容易取得的奶油來操作，但吃起來同樣美味，當然如果手邊剛好有新鮮的豬油，也可以拿來試做看看。幾片酥餅配上咖啡或茶，讓人享受幸福悠閒的午後時光。

Ingredients 材料（份量：20 個）

無鹽奶油（或豬油）150g

低筋麵粉 300g

杏仁粉 50g

糖粉 100g

牛奶 15g

糖粉適量

Step by step 作法

1 將無鹽奶油切小塊
　並回復室溫。

2 低筋麵粉倒入炒鍋中，以小火翻炒 10 分鐘盛
　起，冷卻後過篩，備用。

3 把無鹽奶油攪拌成
　乳霜狀態。

4 加入糖粉，攪拌至挺立狀態。

5 依序加入牛奶及杏仁粉，攪拌均勻。

西班牙 SPIAN

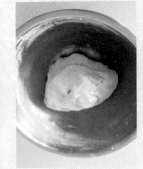

6 加入一半的低筋麵粉，以刮壓的方式混合均勻。

7 再加入剩下的低筋麵粉，切拌至鬆散狀態，然後直接用手捏壓成團。

8 用保鮮膜包覆起來，放冰箱冷藏 30 分鐘。

9 取出麵團，上下鋪保鮮膜，擀開成為厚約 1cm 的片狀。

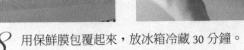

10 撕開保鮮膜，用圓形餅乾模沾麵粉，在麵皮上壓出餅乾片。

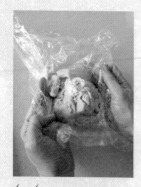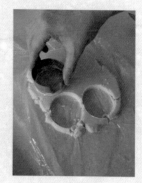

11 剩下的麵團捏緊，再擀開壓模，直到麵團用完為止。

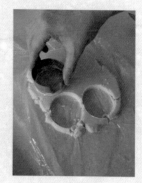

12 間隔整齊排放在烤盤中。

13 放入已預熱至 180度 C 的烤箱中，烘烤 16-18 分鐘至表面淡黃色。

14 取出後放至冷卻，於表面篩上糖粉，密封保存。

Miguelitos

卡士達酥皮派

卡士達酥皮派是一款酥脆的糕點，起源於西班牙卡斯蒂利亞 - 拉曼恰的拉羅達（La Roda），是由烘焙師傅曼努埃爾·布蘭科（Manuel Blanco）於 1960 年創作出來的。他的好朋友米格爾（Miguel）首先品嘗到這個全新的甜點，吃過之後非常喜歡，所以他就以朋友的名字來命名這個美味作品。

之後這個甜點的名聲遍布全西班牙甚至傳到其他國家，在西班牙各地都可以看到，甚至被其他的烘焙師傅改良開發新的口味。除了傳統的奶油餡料，還有黑巧克力或白巧克力內餡，但最受大家歡迎的還是蛋奶餡。

層次分明的酥皮外皮酥脆，中間擠入滑軟的香草蛋奶餡，表面撒上糖粉裝飾，口感豐富又美味。利用現成的市售酥皮就可以快速完成這個迷人小點心，冷熱吃都適合。

Ingredients 材料（份量：約 8 個）

a. 香草卡士達醬

牛奶 125g（分成 100g 及 25g）
蛋黃 1 個
細砂糖 20g
香草籽 1/4 根
低筋麵粉 12g
無鹽奶油 10g

b. 酥皮派及裝飾

市售酥皮 2 片
糖粉 1 大匙

Step by step 作法

1 蛋黃加細砂糖攪拌均勻。

2 倒入牛奶 25g，攪拌均勻。

3 倒入過篩的低筋麵粉，攪拌均勻。

4 加入香草籽，攪拌均勻。

5 將牛奶 100g 倒入鍋中，加熱至鍋邊冒小泡泡的程度。

6 以線狀方式倒入熱牛奶，邊倒邊攪拌均勻。

7 將作法 6 的混合物過篩，重新以小火加熱，邊煮邊攪拌至濃稠離火。

8 趁熱加入無鹽奶油混合。

9 攪拌至均勻即可，冷卻後密封放冰箱冷藏，備用。

組合

10 從冰箱取出香草卡士達醬，準備酥皮、糖粉。

11 每一片酥皮切成4等份。

12 間隔整齊排放在烤盤中。

13 放入已預熱至190度C的烤箱中，烘烤18-20分鐘至表面呈現金黃色。

14 移出烤盤，放至冷卻。

15 用小刀將酥皮中間剖開成兩半。

16 填入香草卡士達醬。

17 表面輕撒上糖粉即完成。

Mozaik Pasta Tarifi

馬賽克蛋糕

馬賽克蛋糕（Mozaik Pasta Tarifi）源自於巧克力薩拉米（Chocolate salami），這是一款葡萄牙和義大利的甜點，由可可粉，碎餅乾，奶油及波特酒或蘭姆酒所製成。這種甜點在歐洲和很多地方都非常受歡迎，在不同的國家也有著不同名稱。如在希臘稱爲 Mosaiko 或 Kormos，在羅馬尼亞叫做餅乾薩拉米香腸（Salam debiscuiți），而在烏拉圭，則被稱爲巧克力香腸（Salchichónde Chocolate）。

馬賽克蛋糕也是土耳其非常受歡迎的甜點，自傳入土耳其之後就成爲城市美食，也是大家喜愛的餐後甜點。現在幾乎在任何咖啡店都可以找到，搭配著土耳其咖啡一塊品嘗。將蛋糕切成片狀，成品的斷面看起來十分漂亮，白色餅乾在巧克力內部形成了如馬賽克般的圖案，因此得名。因爲材料簡單而且操作容易，不需要用到烤箱，預先完成後可以冷藏保存 3-4 天，很適合家庭製作。

材料中使用的餅乾選擇牛奶餅乾最佳，也可以依照個人喜愛發揮創意，添加一些堅果或棉花糖來增加口感。成品味道濃郁，看起來美觀，吃起來也絕對美味。

Ingredients 材料（份量：8cm*17cm*6cm，長方形烤盒1個）

a. 巧克力蛋糕

牛奶餅乾 180g
無糖純可可粉 30g
無鹽奶油（室溫）60g
細砂糖 35g
溫牛奶（38-40 度 C）120g

b. 表面裝飾

巧克力磚 30g
杏仁粒少許

Step by step 作法

製作巧克力蛋糕

1 將牛奶餅乾剝小塊。　*2* 過篩無糖純可可粉。　*3* 將細砂糖及無糖純可可粉加入溫牛奶中。

4 攪拌均勻作法 3，然後把無鹽奶油加溫融化成液態，倒入攪拌均勻。

5 加入剝好的牛奶餅乾混合均勻。　*6* 在烤盒中鋪放一張防沾烤紙。　*7* 將作法 5 的混合物倒入烤模中。

製作表面裝飾

8 用小抹刀抹平整，放冰箱冷藏一夜。

9 切碎巧克力磚，隔 50 度 C 溫水加溫至完全融化。

10 將巧克力醬裝入塑膠袋中，前端剪一小孔，備用。

11 從冰箱中取出巧克力蛋糕，撕開烤紙脫模。

12 隨意在蛋糕表面擠上巧克力醬，撒上杏仁粒即完成，可以切片食用。

Charlotte Royale

皇家夏洛特蛋糕

皇家夏洛特蛋糕的前身起源於 17 世紀的一款熱甜點：Apple Charlotte。由當時的英國烘焙師創造出來，獻給英國國王喬治三世（George III）的妻子夏洛特女王（Queen Charlotte）。因為女王喜歡蘋果，大力支持蘋果的種植，使得蘋果產量提高。但是過多的蘋果又成了問題，為了消耗掉剩下的蘋果，就以剩麵包為基底，再加入大量的糖漬蘋果，烤製成金黃鬆脆、類似麵包布丁的口感，沒想到大受歡迎。為了感念女王對蘋果的推廣，故以女王的名字來命名。此蛋糕的外表好像一頂皇冠，代表至高無上的權利與尊貴。

後來法國名廚瑪麗‧安東尼‧蓋馬（Marie-Antoine Carême）製作了兩款冰涼的夏洛特蛋糕，也是最接近流傳至現代造型的兩個版本：Charlotte Royale 和 Charlotte Russe。這是為了紀念他的前任雇主英國喬治四世（George IV）的獨生女夏洛特公主（Princess Charlotte of Wales）和後來的雇主俄羅斯沙皇而命名。兩者的區別在於前者是用海綿蛋糕捲覆蓋，後者則使用手指餅乾圍邊。

這款蛋糕也被稱為「冰盒蛋糕」，用水果做裝飾，並填充滑順的巴伐利亞香草奶凍或慕斯奶油餡，並在歷代烘焙師的手中不斷改進演化，出現了很多不同的版本，成為法式甜點的代表。

Ingredients 材料（份量：1個，8吋）

a. 草莓蛋糕捲（42cm*30cm）

冰雞蛋 6 個
細砂糖 84g
低筋麵粉 60g
檸檬汁 1/2 茶匙
草莓果醬 100g

b. 草莓慕斯

吉利丁片 9g
動物性鮮奶油 150g
細砂糖 60g
草莓 350g（分成 200g 及 150g）
蛋黃 3 個
牛奶 150g
蘭姆酒 1 大匙

c. 表面裝飾

打發原味鮮奶油 100g
果膠 2 大匙

* 原味鮮奶油作法請參考 43 頁。

Step by step 作法

1 在烤盤鋪上白報紙。

2 將蛋黃蛋白分開（蛋白不可以沾到蛋黃、水分及油脂）。

3 用濾網過篩低筋麵粉。

4 先用打蛋器打出一些泡沫，加入檸檬汁。

5 加入一半的細砂糖。

6 分兩次加入細砂糖，打成尾端挺立的蛋白霜（乾性發泡）。

7 將蛋黃加入蛋白霜中混合均勻。

8 分兩次加入低筋麵粉，以切拌的方式快速混合均勻。

9 將麵糊倒入烤盤中，用刮刀抹均勻。

10 最後用刮板抹平整，進爐前在桌上輕敲幾下敲出較大的氣泡。

  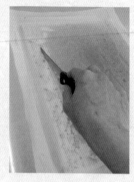 

10 放入已預熱到170
度C的烤箱中，
烘烤15分鐘，出
爐後移到網架上，
將四周烤紙撕開、
放涼。

11 將冷卻的蛋糕
翻過來，底部烤
紙也撕開，底部
墊著撕下來的烤
紙，烤面朝上。

12 在蛋糕開始捲
起處，用刀切2-3
條不切到底的線
條（這樣捲的時
候，蛋糕中心就
不容易裂開）。

13 在蛋糕上均勻
塗抹一層草莓
果醬。

14 抓住蛋糕長邊的烤紙，緊密往外捲起成柱狀。

製作草莓慕斯

15 吉利丁片放入冰水中浸泡5-10分鐘軟化，撈起擠乾水分備用。

16 動物性鮮奶油與細砂糖倒入鋼盆中。

17 使用打蛋器,以中低速打至 9 分發(尾端挺立的程度),先放冰箱冷藏,備用。

18 洗淨草莓並去蒂,其中 200g 打成果泥,另外 150g 切小丁備用。

19 蛋黃與細砂糖攪拌均勻,備用。

20 將牛奶加熱至沸騰前,以線狀倒入作法 19 中,攪拌均勻。

21 隔 70 度 C 左右的溫水，打發至泡沫狀且滴落會有痕跡的狀態（約 10 分鐘）。

22 將泡軟的吉利丁片擠掉水分，加入作法 21 中混合均勻。

23 待完全冷卻後，加入草莓泥攪拌均勻。

24 再將打發的鮮奶油分兩次加入,以切拌方式混合均勻。

25 最後將草莓丁加入混合均勻。

組合

26 蛋糕捲切成約 1cm 厚片狀,每切一刀要將刀擦乾淨再切。

  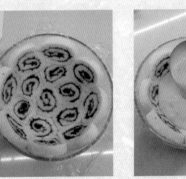

27 在 8 吋的碗中鋪放一層保鮮膜。

28 以不相疊的方式,將蛋糕片緊密鋪在碗中。

29 將慕斯餡倒入鋪好蛋糕片的碗中至一半。

30 鋪放 4-5 片蛋糕，再倒滿慕斯餡。　*31* 上面再鋪滿蛋糕片，封好保鮮膜，放冰箱冷藏一夜。

32 準備好原味鮮奶油，填入擠花袋中，放冰箱冷藏備用。　*33* 脫模時，將蛋糕倒扣移出玻璃碗，撕開保鮮膜。　*34* 表面刷上一層果膠。

35 最後在蛋糕底部邊緣擠上原味鮮奶油做裝飾即完成。

Baking Notes

1. 製作前，請先所有材料量秤好，雞蛋必須是冰的。

2. 作法 2 的蛋白不可沾到任何一點蛋黃，可用分蛋器來幫忙。

Kouign-amann

焦糖奶油酥餅

焦糖味的 Kouign Amann 是法國布列塔尼大區菲尼斯泰爾省（Finistère）杜阿爾納納（Douarnenez）小鎮當地的特色糕餅，由重複折疊的奶油酥皮製成，層次分明，紮實又酥軟。在布列塔尼語中，Kouign 的意思是蛋糕，而 Amann 的意思爲奶油。這是由 Douarnenez 當地一位麵包師傅在 1860 年時意外發明的。

中世紀時期，布列塔尼的統治者菲力浦六世徵收鹽稅，所以造成鹽價飛漲。爲了逃稅，當地人便將鹽加入奶油中，製作出兼具鹽和油的鹹味奶油。因爲價格便宜，民眾紛紛購買，從此鹹味的奶油變成了布列塔尼的一道特色產品。

19 世紀，工業的發展使得布列塔尼地區非常繁榮，麵粉和奶油在這裏大規模生產，供應充足。小鎮 Douarnenez 是布列塔尼地區一個熱鬧的貿易中心，有一天，當地一家麵包店提早打烊，麵包師傅伊夫－勒內・斯科蒂亞（Yves-René Scordia）無事可做，隨手混合起麵粉、奶油、糖和酵母揉成麵團，再將奶油和糖包覆在麵包麵團中，擀折做成酥皮。烘烤的過程，奶油和糖會慢慢融化，滲入麵皮中，成品外焦內軟，就這麼創造了布列塔尼的著名糕點 Kouign-amann。

奶油酥餅好吃，但熱量可不小，《紐約時報》曾經描述它爲「全歐洲最肥胖的糕點」，可見它的卡路里驚人。不過美味的奶油酥餅還是值得一嚐，爲美好的早晨揭開一天的序幕。

Ingredients 材料（份量：12 個，馬芬模烤盤）

a. 麵包麵團

高筋麵粉 360g

鹽 1 茶匙（約 4g）

細砂糖 15g

無鹽奶油 15g

速發乾酵母 1/2 茶匙（約 2g）

雞蛋 1 個

水 200g

* 請依照 CH1「麵團基本操作」揉好麵團並發酵 1 小時至兩倍大。

b. 內餡

含鹽奶油 200g

細砂糖 50g

Step by step 作法

1 工作桌上撒些高筋麵粉，將發酵完成的麵團移出到桌面，表面也撒些高筋麵粉。

2 用手將麵團中的空氣壓下去並擠出來。

3 將麵團擀開成約40*20cm的長方形。

4 將含鹽奶油切成約 0.5cm 的片狀，一片片排入保鮮膜中，擀壓平整成約 20*20cm 的方形，放冰箱冷藏備用。

5 從冰箱取出含鹽奶油片，回溫 7-8 分鐘稍微軟化。

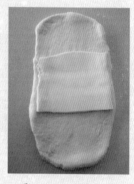

6 將含鹽奶油片放在麵團中間。

7 上下麵皮往中間折，將收口捏緊，左右兩側的麵皮收口也捏緊。

8 在麵團表面撒些高筋麵粉。

   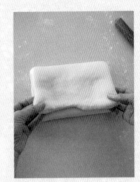

9 將麵團擀開成為長方形，然後折成三折。

10 麵團轉 90 度，再次擀開成為長方形，然後折成 3 折。

11 再轉 90 度，擀開成為長方形，撒上一層細砂糖，然後折成 3 折。

12 將麵團密封包覆
起來，放冰箱冷
藏 1 小時。

13 從冰箱取出麵團，在工作桌上撒點麵粉，擀開成爲約 45*36cm 的長
方形。

14 切除邊緣不整齊的地方，再平均切成 12 等份。

15 在馬芬模烤盤內塗抹一層含鹽奶油（份量
外），再撒上一層低筋麵粉（份量外），
倒除多餘麵粉，放冰箱冷藏備用。

16 每一片麵皮中間放入約 1/2 茶匙細砂糖，四
角往中間捏成爲十字形。

17 放入馬芬模中，整盤放烤箱再發 60 分鐘至兩倍大。

18 進爐前，在表面撒上適量細砂糖。

19 放入已預熱至 200 度 C 的烤箱中，烘烤 25-30 分鐘至表面呈現金黃色。

20 趁熱移出烤盤，以免焦糖冷卻黏在烤模中而無法順利脫模。

Kolache

克拉奇水果乳酪麵包

克拉奇（Kolache）該名稱源自捷克語，古斯拉夫語單詞 Kolo，意思是「圓圈」或「車輪」的意思。克拉奇起源於歐洲的婚禮甜點，許多捷克婚禮和家庭團聚活動中，都可以發現這款甜美的水果麵包。

克拉奇在美國一些地方也很受歡迎，到處可以看到克拉奇麵包店。某些城市像是內布拉斯加州（State of Nebraska）布拉格市，和德州（State of Texas）考德維爾會舉辦一年一度的克拉奇節，而明尼蘇達州蒙哥馬利則宣稱它是世界克拉奇首都，每年都舉行克拉奇日。

依據捷克家庭的傳統，克拉奇是在家中製作的點心，通常每週會製作一次。克拉奇是由甜酵母麵團製成，再搭配不同餡料的點心，餡料可以是水果或是奶油乳酪，款式各種各樣，一般當成下午點心。中間水果餡料通常是杏子、李子或櫻桃，這些材料通常都是農場中常見的收成品，擺放什麼餡料也會依照不同季節收成而有所變化，如此一來，每個家庭都有自己獨特口味的克拉奇麵包。

Ingredients 材料（份量：8個）

a. 麵包麵團

高筋麵粉 200g
鹽 1/8 茶匙（約 0.5g）
細砂糖 10g
無鹽奶油 20g
速發乾酵母 1/3 茶匙（約 1.5g）
雞蛋 1 個
牛奶 90g

*請依照 CH1「麵團基本操作」揉好麵團並發酵 1 小時至兩倍大。

b. 夾餡

奶油乳酪（室溫）80g
喜歡的果醬 80-100g

c. 酥菠蘿粒

無鹽奶油（室溫）15g
細砂糖 15g
低筋麵粉 30g

d. 表面裝飾

全蛋液少許

Step by step 作法

製作酥菠蘿粒

1 將無鹽奶油切小塊，回復室溫，攪拌成乳霜狀。　*2* 加入細砂糖，攪拌均勻。

3 加入過篩的低筋麵粉，切拌成鬆散狀態。　*4* 拌好後放冰箱冷藏，備用。

製作麵包麵團

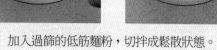

5 工作桌上撒些高筋麵粉，將發酵完成的麵團移出到桌面，表面也撒些高筋麵粉。　*6* 用手將麵團中的空氣壓下去並擠出來。　*7* 將麵團平均分割成 8 等份。

8 把小麵團的光滑面翻折出來，收口捏緊滾圓。

9 蓋上乾淨的布，讓麵團休息15分鐘。

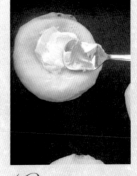

10 整齊排放在烤盤裡，表面噴水，整盤放烤箱再發 60 分鐘至兩倍大。

11 進爐前，手沾一點水，在麵團中心壓出一個凹槽。

12 依序抹上一層適量的奶油乳酪及喜歡的果醬。

13 邊緣刷上一層全蛋液。

14 最後撒上預先完成的酥菠蘿粒。

15 放入已預熱至170 度 C 的烤箱中，烘烤 15-16 分鐘至表面呈現金黃色。

16 移出烤盤冷卻。

Kolaczki

克拉奇果醬餅乾

Kolaczki 是波蘭傳統的耶誕節餅乾，在節慶中非常受到喜愛與歡迎。這是很多波蘭人從小的記憶，每當接近聖誕假期的時候，他們會跟著奶奶媽媽在廚房準備烘烤，是完美的假期甜點。

這種餅乾遍佈整個中歐和東歐，包含捷克共和國、俄羅斯、奧地利、丹麥，也在美國很多地區也十分常見，並且有多種變化形式，如圓形或餅乾麵皮交叉捏成枕頭型。但無論哪種形式，傳統作法都是在麵團中添加了奶油乳酪，再填入各式各樣水果餡料，如杏桃、櫻桃、莓果…等，然後烘烤而成。

通常在波蘭平安夜會舉行晚宴，飯後人們就會食用 Kolaczki，吃起來有點類似水果派的感覺。餅乾製作並不困難，成品口感酥脆充滿奶油乳酪風味，搭配上酸甜果餡滋味迷人。外觀精緻的克拉奇餅乾最適合搭配咖啡或茶一塊食用，吃過一次一定會成爲家中點心櫃的常備甜點。

Ingredients 材料（份量：16 個）

a. 餅乾麵團

無鹽奶油 60g
奶油乳酪 80g
低筋麵粉 120g
細砂糖 40g
鹽 1/8 茶匙

b. 夾餡

喜歡的果醬 80g

c. 裝飾

糖粉適量

Step by step 作法

1 將無鹽奶油及奶油乳酪切小塊並回復室溫。

2 將低筋麵粉過篩，備用。

3 無鹽奶油攪拌成乳霜狀態，加入奶油乳酪攪拌均勻。

4 加入細砂糖及鹽，攪拌奶油霜至挺立狀態。

5 加入低筋麵粉切拌至鬆散狀態。

6 直接用手捏壓成團。

7 用保鮮膜包覆麵團，放冰箱冷藏 30 分鐘。

8 取出麵團，上下鋪保鮮膜，擀開成為厚約 0.3cm 的正方形。

9 切除麵團邊緣不整齊的地方，再分切成為 16 等份。

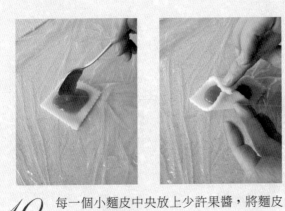

10 每一個小麵皮中央放上少許果醬，將麵皮的對角重疊交錯。

11 間隔整齊排放在烤盤中。

12 放入已預熱至 190 度 C 的烤箱中，烘烤 12-15 分鐘至表面呈現淡黃色。

13 取出餅乾放至冷卻，表面篩上糖粉，密封保存。

Bialys

猶太洋蔥麵包

Bialys 起源於波蘭，是擁有幾百年歷史的猶太烘焙食品。猶太人發明了它，並用波蘭城市比亞韋斯托克（Biaystok）為其命名。1900 年代初，成千上萬的東歐猶太人移民到美國並定居在紐約市，他們帶來了傳統食物的製作方法。長期以來一直是紐約東北部猶太熟食店的主食，被認為是紐約市的標誌性食品代表，曼哈頓下東區還被人們稱為「Bialy Central」。

2000 年，前《紐約時報》美食作家米米・喜來登（Mimi Sheraton）還特別寫了一本關於 Bialys 的書《The Bialy Eaters》，探索這種猶太主食的歷史。Bialys 與貝果是親戚，但 Bialys 中間沒有孔洞也沒有經過水煮而是直接烘烤，口感組織也鬆軟些，但在麵包中心有個凹槽，盛裝了炒香的洋蔥，大蒜或罌粟種子餡料。麵包的尺寸約 4-5 吋，外觀看起來就像個小比薩。洋蔥經過充分翻炒過後會帶著甜味而且香氣十足，吃過這一款麵包會讓人意猶未盡。

Ingredients 材料（份量：8 個）

a. 麵包麵團

水 205g

鹽 4g

細砂糖 15g

高筋麵粉 300g

速發酵母 2g

b. 內餡

洋蔥 1/2 個（約 220g）

液體植物油 2 大匙

鹽 1/3 茶匙

* 請依照 CH1「麵團基本操作」揉好麵團並發酵 1 小時至兩倍大。

Step by step 作法

炒製洋蔥餡

1 洋蔥切末。

2 炒鍋中倒入 2 大匙油，待油溫熱後，放入洋蔥末翻炒均勻。

3 加入鹽混合均勻，繼續以中小火持續翻炒。

4 炒至洋蔥變成金黃色即可盛起，冷卻備用。

製作麵包麵團

5 工作桌上撒些高筋麵粉，將發酵完成的麵團移出到桌面，表面也撒些高筋麵粉。

6 用手將麵團中的空氣壓下去並擠出來。

7 麵團平均分切成 8 等份。

8 將麵團光滑面翻折出來滾圓。

9 覆蓋乾淨的布，讓麵團休息 15 分鐘。

10 在小麵團表面撒些高筋麵粉，擀成直徑約 10cm 的片狀。

11 用指頭將中央的部分壓扁成凹陷狀。

12 間隔整齊排放在烤盤裡。

13 用剪刀在中央稍微剪幾刀，以利餡料可以黏住。

14 將作法 4 的洋蔥餡均勻鋪放在麵團中央凹陷處。

15 整盤放入烤箱中，表面噴些水再發酵 50 分鐘。

16 發酵好的前 8-10 分鐘，將烤盤從烤箱中取出。

17 放入已預熱到 230 度 C 的烤箱中，烘烤 15-16 分鐘至表面金黃。

18 烤好的麵包移至網架上冷卻。

Baking Notes

1. 調味料份量請依照個人喜好斟酌。

2. 傳統的 Bialys 還會在洋蔥內餡中添加一些罌粟籽，但因台灣列管無法購買，所以配方中省略。

3. 吃的時候可依照喜好抹上奶油乳酪一同享用。

4. 發酵時，如果天冷的話，可在烤箱中放 1 杯熱水幫助提高溫度，水若冷了就再換 1 杯。

Brandy snops

白蘭地脆餅

白蘭地脆餅是英國、愛爾蘭、澳大利亞和紐西蘭流行的一款甜點。白蘭地脆餅傳統外觀是蕾絲花紋筒狀的甜蜜脆餅，中間擠滿打發的鮮奶油。Snops 在英國有餅乾的意思，名稱中雖然有白蘭地，但其實製作材料中並不含白蘭地。會稱為 Brandy 的原因不明，此名稱最早出現在 1829 年的英國古物及語言專家 John Trotter Brockett 所編寫的書籍《A Glossary of North Country Words》的詞彙表中，建議該名稱來自「branded（烙印）」，後來可能因為 Branded 的發音慢慢演變成為 Brandy。

在 1800 年代初期，白蘭地脆餅也被稱為 Jumbles，當時的做法是將麵糊烤熟成為片狀。但後來發展成將扁平的 Jumble 纏繞在木勺柄上，做成筒狀。也有另一個說法指出，白蘭地脆餅是源自 14 世紀的法國薄餅或威化餅，再經過慢慢演變成為現在的模樣。將材料中的糖漿、麵粉、肉桂、奶油、糖和檸檬汁調合成麵糊，再烘烤成金黃蕾絲般的薄餅，趁著餅乾還柔軟尚未完全冷卻前，捲成筒狀或籃子狀，冷卻後會變得酥脆。最後可以依照喜好填入打發的鮮奶油或香草霜淇淋一塊享用。

製作過程烘烤的時間掌握是成功的關鍵，烤太久的話，餅乾變得脆硬就無法彎折，但烘烤不足又沒有辦法變得金黃酥脆。一開始先做一個以測試溫度時間，有耐心就能夠做出美麗的成品。

Ingredients 材料（份量：12-15 片）

a. 脆餅

水麥芽（或玉米糖漿）50g
無鹽奶油 50g
黃砂糖 50g
蘭姆酒 1 茶匙

蘭姆酒 1 茶匙
檸檬汁 1 茶匙
低筋麵粉 50g
肉桂粉 1 小撮

b. 內餡

細砂糖 10g
全脂奶粉 5g
橙酒 1/2 茶匙
動物性鮮奶油 150g

Step by step 作法

製作脆餅

1 將水麥芽、無鹽奶油及黃砂糖放入鍋中，小火煮至沸騰且糖完全融化離火。

2 加入蘭姆酒及檸檬汁混合均勻。

3 加入過篩的低筋麵粉及肉桂粉攪拌均勻。

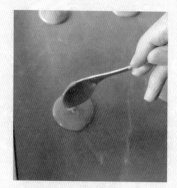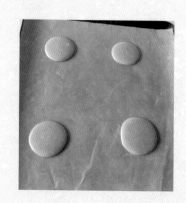

4 舀起 1 大匙麵糊滴落在防沾烤布上，一盤約放 3-4 個。

5 放入已預熱至 180 度 C 的烤箱中，烘烤 8-10 分鐘至金黃。

6 出爐後，馬上用叉子的柄將餅乾捲起定型。

製作甜餡鮮奶油

7 將細砂糖、全脂奶粉、橙酒加入動物性鮮奶油中。

8 以中高速打發鮮奶油至挺立的程度。

9 將鮮奶油霜裝入擠花袋中，放冰箱冷藏備用。

填餡

10 將打發的鮮奶油擠入完全冷卻的白蘭地脆餅中間即可。

Jaffa Cakes

佳發蛋糕

佳發蛋糕（Jaffa Cakes）是一款由英國食品公司麥維他（McVitie）於 1927 年所發明的蛋糕類餅乾，以佳發甜橙（Jaffa orange）之名命名。佳發甜橙是以色列的農民在 19 世紀中種植出來的無籽甜橙品種，因為堅硬的果皮使得它非常適合出口運輸而受到歡迎，並以最初出口時的產地以色列城市雅法的名字來命名。佳發蛋糕主要消費區在英國和愛爾蘭，除了大眾最喜愛的橘子口味，也生產檸檬、草莓和黑醋栗…等其他口味。

佳發蛋糕直徑約 5cm，是由海綿蛋糕覆蓋著 Q 彈甜橙果醬，上方再淋上一層濃郁滑順的巧克力組合而成。由外觀看起來，扁平的佳發蛋糕跟餅乾一樣，但它卻登記為蛋糕，那到底它是蛋糕還是餅乾呢？根據英國《增值稅法案》規定：巧克力蛋糕免稅，但巧克力餅乾卻在徵稅範圍內。所以，為了不用繳稅，還是讓它是蛋糕吧。2012 年，佳發蛋糕還被評為英國最暢銷的蛋糕點心。

這款海綿蛋糕小巧精緻，結合了柑橘果醬與巧克力的美味，一口咬下可以品嘗到多層次風味，是下午茶的完美小西點。

Ingredients 材料（份量：12 個）

a. 柳橙果凍

細砂糖 15g
吉利 T 粉（素）10g
柳橙汁 60g
檸檬汁 2 茶匙

b. 海綿蛋糕

雞蛋 1 個（淨重約 60g）
細砂糖 30g
低筋麵粉 30g
蘭姆酒（或香草精）1/2 茶匙

c. 巧克力醬

苦甜巧克力磚 100g

Step by step 作法

製作柳橙果凍

1 將細砂糖倒入吉利 T 粉中，混合均勻。

2 將柳橙汁倒入鍋中，加入檸檬汁、吉利 T 及細砂糖，攪拌均勻。

3 以中小火加熱 3-4 分鐘至吉利 T 粉完全融化。

4 準備一個 20*30cm 的盤子，包覆一層耐熱保鮮膜。

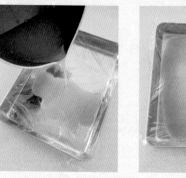

5 待果凍液稍微降溫至約 50 度 C，再倒入盤子中，冷卻備用。

製作海綿蛋糕

6 將雞蛋放入 50 度 C 的溫水中浸泡 5 分鐘。

7 在 12 連馬芬烤模中均勻塗抹一層無鹽奶油（份量外）。

8 撒上一層低筋麵粉（份量外），再倒除多餘的麵粉，備用。

9 將細砂糖加入雞蛋中。

10 使用電動打蛋器，以中高速攪拌 6-8 分鐘至蛋糊滴落下來有明顯的痕跡。

11 加入蘭姆酒，快速攪拌均勻。

12 將低筋麵粉過篩後加入，以切拌方式混合均勻。

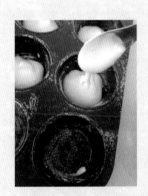

13 將麵糊平均倒入 12 連馬芬模中。

14 放入已經預熱至 170 度 C 的烤箱中，烘烤 8-9 分鐘至表面上色即可。

15 出爐後馬上移出烤模，放至網架冷卻。

製作巧克力醬

16 準備巧克力磚，切碎。

17 放入盆中，隔 50 度 C 溫水融化成液態，續以 50 度 C 保溫備用。

組合

18 利用圓形餅乾模（尺寸略小於蛋糕）壓出 12 個果凍片。

19 將果凍片鋪放在海綿蛋糕上方。

20 表面再均勻淋上一層融化的巧克力。

21 放入冰箱冷藏 5-6 分鐘，至表面巧克力凝固即可。

Baking Notes

1. 巧克力磚可以選擇任何口味來替換。

2. 香草酒也可以用市售香草精代替。

3. 成品密封後放冷藏保存，建議 3-4 天內食用完畢。

Digestive biscuitroll

消化餅乾

消化餅乾是一款在英國、大英國協國、愛爾蘭…等地流行的甜餅乾。消化餅乾最早是在 1839 年由英國的兩個醫生研發出來的，因爲餅乾中加入了幫助消化的小蘇打（碳酸氫鈉），由此稱之爲消化餅乾。1892 年，英國消化餅乾的始祖麥維他（McVitie）愛丁堡公司中的一位年輕職員 Alexander Grant 也在餅乾中添加了小蘇打粉及棕色全麥麵粉，打出了「幫助消化」的廣告語，造成風行。爲什麼餅乾可以幫助消化呢？這是因爲當時人們知道弱鹼性物質的小蘇打（碳酸氫鈉）可以中和胃酸，促進胃液分泌和腸胃蠕動，進而幫助消化。但現在麥維他公司已經發表了免責聲明表示：「消化餅乾不含任何可以幫助消化的成分」。

麥維他是英國最暢銷的消化餅乾公司，平均每年生產 8 千萬包消化餅乾，等於每一個英國人每一秒吃了 52 塊消化餅乾，可見英國人有多麼喜愛這款餅乾。消化餅乾除了配茶配咖啡直接吃，也可以碾碎做爲乳酪蛋糕的底餅。酥酥鬆鬆的消化餅乾是下午茶最好的茶點，兩三片餅乾再加上一杯咖啡，就讓忙碌的心情整個放鬆。這款餅乾添加了直接打碎的小麥，包含著整顆麥子的纖維，吃起來又香又酥，是家中餅乾罐中少不了的人氣點心。

Ingredients 材料（份量：35 片）

低筋麵粉 200g

小麥 100g

泡打粉 2g

無鹽奶油（室溫）120g

細砂糖 70g

鹽 2g（約 1/2 茶匙）

牛奶（室溫）40g

掃 QRcode 看示範影片！

Step by step 作法

1 無鹽奶油切小塊，室溫
回軟（用手指可以壓出
印子的程度）。

2 小麥放入食物調理機中，打碎成粉末。

3 將低筋麵粉與泡打粉混
合，均勻過篩。

4 加入全麥麵粉，攪拌均勻。

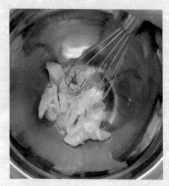

5 用打蛋器將無鹽奶油打散成乳霜狀。

 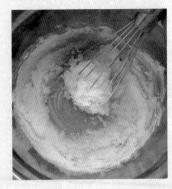 

6 加入細砂糖及鹽攪打至泛白，拿起打蛋器時，尾端呈現角狀。

7 分 2-3 次加入牛奶，每次攪拌均勻再加下一次。

8 麵粉分兩次加入，使用刮刀與盆底磨擦按壓。

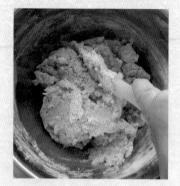

9 加入第二次低筋麵粉，一樣用刮刀與盆底磨擦按壓的方式混合成團。

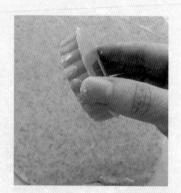

10 桌上鋪保鮮膜，放上麵團，上方再鋪一張保鮮膜，擀壓成厚約 0.3cm 的片狀。

11 撕開麵團上的保鮮膜，使用餅乾模沾麵粉。

12 在麵皮上一一壓出造型後取下圓片。

13 剩下的麵團捏緊，擀平後再壓模。

14 餅乾生麵片間隔整齊放烤盤中。

15 放入已預熱到 160 度 C 的烤箱中，烘烤 22-25 分鐘至表面微微上色（中間掉頭一次，讓餅乾平均上色）。

16 出爐後移至網架上冷卻，密封保存。

Baking Notes

1. 泡打粉可選擇無鋁成分，亦可直接省略。

2. 此配方中的全麥麵粉是由整顆小麥直接用食物調理機打碎，也可以購買市售的全麥麵粉來代替。

Crumpet

英式烤麵餅

烤麵餅起源於維多利亞時代,是由麵粉加上酵母混合調成稀軟麵糊,再用特別的圈狀烤模在平板烤盤上烤製而成。成品表面有著均勻密佈的孔洞,組織蓬鬆柔軟,吃起來口感略有嚼勁,介於麵包與餅之間。

烤麵餅味道清淡柔和,很適合當成早餐或下午茶點心,搭配奶油、果醬或蜂蜜一起食用,表面類似海綿結構的孔洞會被融化的奶油填滿,非常美味。

在英國超市很容易可以購買到整袋包裝好的烤麵餅,自己做其實也非常簡單而且有趣。發酵過程需稍微注意一下溫度,氣溫低的季節要放在比較溫暖密閉的空間,幫助麵糊發酵得更好。如果沒有適合的慕斯圈,將麵糊直接舀入平底鍋中也沒問題。開始煎餅的過程,可以先練習一兩個烤餅,直到掌握住火力及時間就可以得心應手。有空可以一次多做一點,再將成品冷凍保存,吃之前解凍再稍微烘烤加熱,就是方便的早餐或宵夜餐點。

Ingredients 材料(份量:4吋,8-9個)

高筋麵粉 150g

中筋麵粉 150g

細砂糖 15g

鹽 3/4 茶匙(約 3g)

速發乾酵母 3/4 茶匙

小蘇打粉 1/2 茶匙

牛奶 300g

水 150g

Step by step 作法

1 將所有乾性材料放入工作盆中攪拌均勻。

2 加入牛奶及水，攪拌均勻。

3 完全拌勻後密封，室溫發酵 1.5 小時至 2 倍份量。

4 在 4 吋慕斯圈內側塗抹一層無鹽奶油，備用。

5 平底鍋中刷上一層薄薄的油脂，放上慕斯圈，以小火加熱。

6 將麵糊舀入慕斯圈中，厚度約 1cm 高。

7 蓋上蓋子，以中小火煎至底部凝固且表面出現孔洞時，移開慕斯圈並翻面。

8 蓋上蓋子，以中小火煎
至兩面金黃即可。

9 依序將麵糊全部煎完。

10 麵餅完全冷卻後密封冷凍保存，吃之前解凍再加熱即可。

Strawberry Trifle

草莓乳脂鬆糕

草莓乳脂鬆糕（Trifle）是英國聖誕節的傳統甜品，通常由水果、蛋糕或餅乾、卡士達甜醬及鮮奶油一層一層重疊組合而成。Trifle 一詞源自法語 Trufle，字面上的意思是不起眼的小事或是瑣碎的東西，倒也十分符合這款甜點的描述，將各種不同的材料交織在一起。這款英式冷甜點可以說是最受歡迎的英式冷布丁之一，英國人將它做為聖誕節的餐後點心，有著非常悠久的歷史。

Trifle 最早的記載可以追溯到 1585 年，由英國烹飪和家政作家托馬斯‧道森（Thomas Dawson）所撰寫的烘焙書籍《The Good Huswife's Jewell》中便有記錄這種甜點的做法。當時的 Trifle 是用糖霜、薑汁以及玫瑰水調味的奶油甜點，每一層材料之間都要精心搭配，非常講究。但發展到後來，Trifle 也有一些簡易版本出現，將吃剩的蛋糕再加上果醬、鮮奶油及水果，變成解決剩料的一款甜點。

Trifle 用透明玻璃盆盛裝，視覺華麗，顏色鮮艷，但其實做起來是簡單且幾乎零失敗的甜點。若真的沒有時間烘烤蛋糕，用市售蛋糕加上鮮奶油及季節水果組合一下，也可以製作出屬於出自己的草莓乳脂鬆糕。

Ingredients 材料（份量：5吋，2個）

a. 蔓越莓果凍

冷凍（或新鮮）蔓越莓 80g
吉利 T（植物性）2g
細砂糖 40g
水 100g

b. 鮮奶油

動物性鮮奶油 100g
細砂糖 10g
檸檬汁 1 茶匙

c. 蛋奶醬

牛奶 200g
（分成 150g 及 50g）
細砂糖 25g
（分成 15g 及 10g）
蛋黃 1 個
低筋麵粉 18g
香草精 1/2 茶匙

d. 海綿蛋糕捲（21*16cm 烤盤 1 個）

冰雞蛋 1 個
細砂糖 15g
檸檬汁 1/4 茶匙
低筋麵粉 10g

e. 夾餡

果醬 3 大匙（任何喜歡的果醬皆可，建議紅色系效果較好）

f. 裝飾水果

新鮮草莓 100g

Step by step 作法

製作蔓越莓果凍

1 吉利T、細砂糖混合均勻，倒入水中攪拌均勻，備用。

2 在鍋中加入蔓越莓，以中小火加熱5-8分鐘至吉利T融化。

3 倒入盛裝玻璃盆中約1cm高，室溫靜置冷卻備用。

打發鮮奶油

4 動物性鮮奶油、細砂糖、檸檬汁倒入工作盆中。

5 使用電動打蛋器，以中低速打發（在氣溫高的夏天裡製作的話，鋼盆底部需墊冰塊，用中低速打發，就不容易產生油水分離的狀況）。

6 打至9分發（尾端挺立的程度），放冰箱冷藏備用。

製作蛋奶醬

7 牛奶 150g 及細砂糖 15g 混合均勻，倒入鍋中加熱至糖融化後關火。

8 蛋黃及細砂糖 10g 攪拌均勻。

   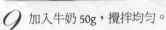

9 加入牛奶 50g，攪拌均勻。

10 將低筋麵粉過篩加入攪拌均勻。

11 加入煮熱的牛奶攪拌均勻，然後過篩，以中小火加熱，邊加熱邊攪拌。

12 煮至濃稠（用湯匙刮會有明顯痕跡）即離火，然後墊冰塊或冷媒降溫，最後加入香草精混合均勻，放冰箱冷藏備用。

製作海綿蛋糕捲

13 所有材料量秤好，將蛋黃蛋白分開（蛋白不可以沾到蛋黃、水分及油脂）。

14 在烤盤內鋪上白報紙。

15 先用打蛋器將蛋白打出一些泡沫，然後分兩次加入檸檬汁及細砂糖，打成尾端挺立的蛋白霜（乾性發泡）。

16 將蛋黃加入蛋白霜中。

17 使用電動打蛋器，攪拌均勻。

18 低筋麵粉分兩次過篩後加入，以切拌的方式快速混合均勻。

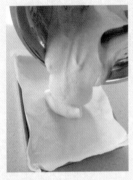 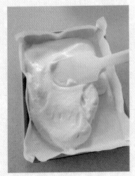  

19 將麵糊倒入烤盤中，用刮刀抹均勻。

20 最後用刮板抹平整，進爐前在桌上輕敲幾下，以敲出較大的氣泡。

21 放入已預熱到170度C的烤箱中，烘烤15分鐘，出爐後移到鐵網架上。

22 將四周烤紙撕開，確實放涼。

23 將冷卻的蛋糕翻過來，撕開底部烤紙，底部墊著撕下來的烤紙，讓烤面朝下。

24 在蛋糕開始捲起處，用刀切2-3條不切到底的線條（這樣捲的時候，蛋糕中心不容易裂開）。

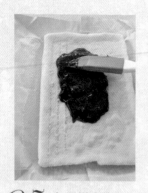  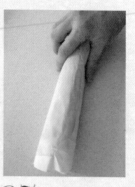 

25 在蛋糕上均勻塗抹一層果醬。

26 抓住蛋糕的長邊，緊密往外捲，一邊捲一邊往前推。

27 最後用烤紙將整條蛋糕捲起，放置10分鐘定型。

28 將蛋糕捲切成1cm寬的片狀。

組合

29 將草莓清洗乾淨，一部分切塊，一部分切片。

30 將蛋糕捲貼著玻璃容器（不限樣式）的邊緣排列一圈。

31 果凍上方也鋪放一層蛋糕捲及適量草莓塊。

32 倒入適量蛋奶醬。　*33* 再鋪上一層蛋糕捲及適量草莓塊。　*34* 再淋上蛋奶醬。

35 最後用打發鮮奶油及草莓裝飾即可，可做成不同大小。

Baking Notes

蔓越莓及草莓可用喜歡的水果代替。

Apple crumble

蘋果酥

蘋果酥是傳統英式甜點，這道甜點起源於二次世界大戰時期，據說它的發明人是一位法國移民到英國的廚師。Crumble 吃起來很像餅乾屑，內餡一般是使用新鮮水果，比如蘋果、大黃（Rhubarb）、桃子…等。因為戰爭時物資缺乏，麵粉及奶油這類材料都取得不易，所以利用麵包屑、麥片跟其他的食材拌在一起，來做為派的一種替代食品。

蘋果酥的內餡是將蘋果加上糖及香料熬煮至軟甜可口，表面再鋪上厚厚一層由燕麥加上紅糖、奶油混合的麵團，然後放入烤箱烘烤至表層酥脆。除了蘋果，也可用黑莓、桃子或李子…等其他水果，搭配不同的水果名稱就變成黑莓酥（Blackberry Crumble）或桃子酥（Peach Crumble）。

Crumble 一詞有碎屑的意思，吃起來很像餅乾的口感，根據調查這是英國最受歡迎的甜點之一，製作過程簡單快速，尤其受小朋友喜歡。吃的時候可以搭配打發的鮮奶油或香草冰淇淋，變化更多而且滋味更棒！

Ingredients 材料（份量：6 吋）

a. 蘋果餡

中型蘋果 2 個
無鹽奶油 15g
細砂糖 45g
檸檬 1 個
肉桂粉 1/4 茶匙
蔓越莓乾 20g

b. 燕麥酥餅

無鹽奶油（冰）25g
低筋麵粉 50g
二砂糖 20g
即食燕麥片 10g
杏仁片 15g

Step by step 作法

製作蘋果餡

1 蘋果去皮切小塊，備用。

2 檸檬刷洗乾淨，刮下表面皮屑，擠出檸檬汁，取 1 大匙，備用。

3 無鹽奶油放入鍋中，加熱融化。

4 放入蘋果，翻炒 1-2 分鐘。

5 加入細砂糖、檸檬皮屑、檸檬汁及肉桂粉翻炒均勻。

6 以中火加熱至湯汁收乾，加入蔓越莓乾再翻炒 1 分鐘，倒入烤皿中備用。

製作燕麥酥餅

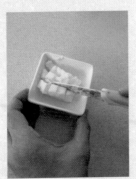

7 低筋麵粉過篩。

8 加入切成小塊的冰無鹽奶油，用手搓成鬆散狀態。

9 最後加入二砂糖、即食燕麥片及杏仁片，混合均勻。

10 將作法 9 的料均勻撒在蘋果餡上方。

11 放入已預熱至 200 度 C 的烤箱中，烘烤 16-18 分鐘至表面呈現金黃色。

12 可以搭配香草冰淇淋趁熱享用。

Savoury mince pies

英式鹹肉派

派的歷史可追溯至中世紀，廚師用麵團製作成類似籃子或盒子的密封容器，中間再盛裝著餡料烘烤。最早派的外層麵皮非常堅硬幾乎不可食用，後來法國人和義大利人在麵團中添加了奶油並且改善製程，派才變得酥脆和美味。

百果派（Mince pie）是英國人在聖誕節會準備的傳統食物，所以也稱爲「聖誕派」。最早的百果派餡料除了水果乾及各式香料，還包括動物的碎肉及油脂。但隨著時間慢慢的演變，百果派成爲由大量水果乾如葡萄乾、杏桃乾、糖漬櫻桃、蜜漬橘皮⋯等製作的甜派，吃的時候還會搭配白蘭地及蛋奶醬一塊食用。

如果想製作肉餡來當內餡，口味就與甜蜜的百果派完全不同，而名稱則稱爲鹹肉派（Savoury mince pies）。鹹肉派內餡的作法與牧羊人派（Shepherd's pie）類似，除了牛、羊、豬的絞肉，也會添加一些蔬菜，如洋蔥、紅蘿蔔、西芹，搭配沙拉及濃湯享用。

鹹肉派尺寸可以依照個人喜好做成迷你型或是家庭尺寸切片食用。類似的作法在澳洲及紐西蘭也很常見，在澳洲更是指標性的國民美食。

Ingredients 材料（份量：8吋）

a. 派皮麵團

中筋麵粉 250g
冰無鹽奶油 110g
冰雞蛋 1 個（約 50g）
鹽 1/2 茶匙
冰水 50g

b. 內餡

豬絞肉 200g
洋蔥 1/2 個
洋芋 1 個
紅蘿蔔 1/2 個
低筋麵粉 1 大匙

c. 調味料

鹽 3/4 茶匙
黑胡椒粉 1/4 茶匙
純番茄泥 100g
伍斯特醬 1 茶匙
雞高湯 200g

d. 表面裝飾
全蛋液適量

Step by step 作法

1 從冰箱取出奶油，切小丁狀。

2 過篩中筋麵粉，將麵粉、鹽混合均勻。

3 攪拌約 1 分鐘至均勻成粉末狀。

4 作法 3 的材料、無鹽奶油塊倒入食物調理機中。

5 倒入雞蛋及冰水，再攪拌 8-10 秒至成團。

6 將麵團刮出，用保鮮膜包覆放冰箱冷藏 1 小時。

Baking Notes

若沒有食物調理機，可以將所有乾性材料及奶油丁放入工作盆中，用手搓散，再加入冰水快速攪拌成團。

製作內餡

7 洋蔥、洋芋及紅蘿蔔分別切小丁，備用。

8 鍋中倒入 1/2 大匙液體油，待油溫熱後，放入洋蔥丁，以中小火翻炒 5-6 分鐘。

9 加入洋芋丁及紅蘿蔔丁翻炒 2-3 分鐘。

10 放入絞肉，翻炒均勻至變色。

11 加入低筋麵粉，翻炒均勻。

12 加入所有調味料，翻炒均勻。

13 倒入雞高湯，混合均勻煮沸。

14 以小火燜煮 15-20 分鐘至湯汁收乾，盛起放涼，備用。

組合與烤製

15 在派盤中抹一層薄薄的奶油。

16 撒上一層麵粉，倒除多餘的粉。

17 從冰箱取出派皮，回溫 5 分鐘，在麵團表面撒些中筋麵粉，切成 200g 及 260g 兩部分。

18 先將 260g 的麵團擀成直徑約 26cm 的大圓片。

19 將擀開的派皮鋪在 8 吋派盤上。

20 用手仔細將派皮貼緊派盤。

21 倒入冷卻的內餡，將餡鋪平整。

22 將 200g 麵團擀成直徑約 22cm 的圓片，鋪放在派盤表面。

23 使用小刀沿著派盤上緣，切除凸出來的多餘派皮。

24 用手指將周圍派皮捏出花邊。

25 將剩下的派皮隨意切出一些葉子形狀，用刀背壓出葉脈。

26 在派皮表面刷上一層全蛋液，貼上葉子。

27 先在派皮中央切出 6 道，然後全體刷上一層全蛋液。

28 放入已預熱至 180 度 C 的烤箱，烘烤 50 分鐘至表面金黃後移出烤盤，稍微冷卻後就可切塊食用。

Iced bun

糖霜鮮奶油果醬夾心麵包

糖霜麵包是一款在英國很受歡迎的甜麵包，外觀長形的麵包上方覆蓋著一層白色或粉紅色的糖霜。有些麵包店還會放上多彩的糖豆或果乾裝飾，或擠入鮮奶油及果醬，成品看起來像蛋糕般華麗而且更甜蜜多變。這些麵包在即將到來的復活節前後裝飾著整個英國的麵包店，讓節慶的氣氛更濃厚。

麵包體是由基本甜麵團製作，加入奶油、雞蛋、牛奶…等材料，組織蓬鬆且柔軟。無論是原版簡單的糖霜麵包或是滋味豐富的果醬鮮奶油夾餡，都很適合做為小朋友放學回家的點心或下午茶食用。

這些美味可口的麵包在英國很受喜愛，對整個家庭來說都是美妙而豐富的下午點心。精美柔軟的麵團，淋上閃亮的糖霜，並填充滿滿的鮮奶油和果醬，咬一口糖霜麵包，一整個幸福！

Ingredients 材料（份量：10 個）

a. 麵包麵團

高筋麵粉 300g
鹽 1/2 茶匙（約 2g）
細砂糖 15g
無鹽奶油 30g
速發乾酵母 1/2 茶匙（約 2g）
雞蛋 1 個
牛奶 150g

* 請依照 CH1「麵團基本操作」揉好麵團並發酵 1 小時至兩倍大。

b. 內餡

打發原味鮮奶油 150g
草莓果醬適量

* 原味鮮奶油作法請參考 43 頁。

c. 檸檬糖霜

純糖粉 60g
檸檬汁 1 茶匙

Step by step 作法

製作麵包麵團

1 工作桌上撒些高筋麵粉，將發酵完成的麵團移出到桌面，表面也撒些高筋麵粉。

2 用手將麵團中的空氣壓下去並擠出來。

3 麵團平均分割成 10 等份。

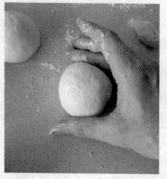

4 將小麵團的光滑面翻折出來，收口捏緊滾圓。

5 覆蓋乾淨的布，讓麵團休息 15 分鐘。

6 在麵團表面撒些高筋麵粉，壓扁。

7 將麵團擀開成為長約 12cm 橢圓形。

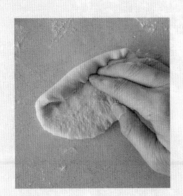

8 由長邊開始捲，一邊捲一邊壓成為橄欖形，兩端往內折，收口捏緊。

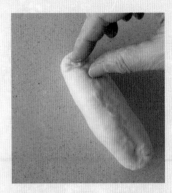

9 將麵團整齊排放在烤盤上，表面噴水，整盤放烤箱再發 60 分鐘至兩倍大。

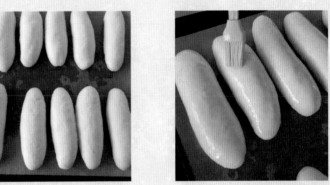

10 進爐前，在麵團表面刷上一層全蛋液。

11 放入已預熱至 170 度 C 的烤箱中，烘烤 16-18 分鐘至表面呈現金黃色。

12 移出烤盤冷卻。

製作原味鮮奶油

13 請參考 43 頁完成原味鮮奶油，填入擠花袋中，放冰箱冷藏備用。

製作檸檬糖霜

14 將檸檬汁加入糖粉中。

15 攪拌 5-6 分鐘至糖粉完全溶化，呈線狀滴落的程度。

組合

16 準備好麵包、原味鮮奶油、糖霜及果醬。

17 由中間橫剖麵包，擠入鮮奶油。

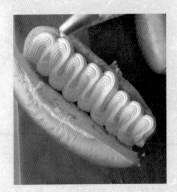

18 鋪放適量的草莓果醬後夾起。

19 在麵包表面抹上檸檬糖霜即完成。

Kransekake Stenger

挪威杏仁棒

Kransekake 是丹麥和挪威傳統的杏仁甜點，挪威人稱它爲「花環蛋糕」，挪威語中 Kranse 的意思是花環，Kake 是蛋糕的意思。其起源可以追溯到 18 世紀的丹麥，最初是由哥本哈根的一位麵包師傅創造的；現今這個甜點似乎在挪威更受歡迎。傳統作法是由 18 層由大到小不同尺寸的圈形杏仁餅組合成的華麗高塔，通常在婚禮、洗禮、聖誕節或除夕夜…等特殊場合可以看到，成爲令人印象深刻的展示品。

而一般家庭製作不需要這麼麻煩特意製作高塔，可以做成適合家中食用的條狀餅乾，這種小尺寸的杏仁棒則稱爲 Kransekake Stenger，Stenger 的挪威語是棒或條的意思。完成的杏仁棒可以沾裹巧克力及切碎的堅果，看起來繽紛多彩，非常適合作爲聖誕節的派對點心，或做爲禮物送給親朋好友。

製作杏仁棒的材料非常簡單，就是杏仁、蛋白及糖，杏仁現磨現做的話味道更香。成品可以放冰箱冷藏保存，隨時都可以取用，成品柔軟耐嚼，非常有飽足感，屬於無麩質自然的甜點。

Ingredients 材料（份量：20 個）

a. 杏仁棒

帶皮杏仁 150g
杏仁粉 150g
細砂糖 80g
蛋白 2 個（約 70g）
香草精 1 茶匙

b. 表面裝飾

巧克力塊 70g
喜歡的堅果碎及水果乾各適量

Step by step 作法

1 帶皮杏仁放入已預熱至 150 度 C 的烤箱，烘烤 8-10 分鐘，取出後冷卻，倒入食物調理機。

2 將帶皮杏仁打碎成粗顆粒狀。

3 杏仁碎、杏仁粉及細砂糖倒入工作盆中，混合均勻。

4 加入蛋白、香草精，稍微拌一下。

5 接著用手混合成團。

6 在工作桌面撒上少
許低筋麵粉（份量
外），將麵團移至
桌面，表面也撒上
少許低筋麵粉（份
量外）。

7 搓揉成條狀，平均切成 20 等份。

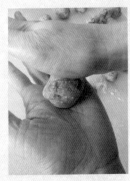

8 將每一個麵團搓揉成圓形。

9 再搓成長約 12cm 的條狀，大約可做 20 個。

10 間隔整齊排放在烤盤上。

11 放入已預熱至 190 度 C 的烤箱中，烘烤 15-18 分鐘至表面脆硬，但內部還有些軟的狀態。

12 移至網架上冷卻。

13 找一個比裝巧克力盆稍微大一些的鍋子，倒入水煮沸。

14 將裝有巧克力的工作盆放在鍋子上方。

15 利用蒸氣加熱將巧克力融化成液態。

16 稍微翻攪一下，加速巧克力融化。

挪威 NORWAY

17 將冷卻的杏仁棒的頭尾都沾上巧克力漿，放在網架上。

18 撒上喜歡的堅果碎及水果乾。

19 將一部分的巧克力裝入塑膠袋中，前端剪一小孔。

20 在杏仁棒上擠出喜歡的紋路，隨意撒上堅果碎及水果乾。

21 室溫靜置至巧克力凝固即完成，密封冷藏保存。

Baking Notes

1. 巧克力塊可依照個人口味喜好選擇。

2. 甜度可以自行調整。

Tiger bread

老虎麵包

老虎麵包是起源於荷蘭的一種麵包，被稱爲 Tiger Brood 或 Tijgerbol，至少在 1970 年代初期就開始銷售。此名稱得來是因爲麵包表面佈滿類似虎皮般的紋路，但也有人認爲圖案更像豹紋。2012 年，英國連鎖超市塞恩斯伯里（Sainsbury's）宣布，因爲有一位 3 歲的女童寫信建議公司，所以他們將超市販賣的老虎麵包改名爲「長頸鹿麵包（Giraffe bread）」。在美國在舊金山和加州也可以看到這款麵包，稱爲「Dutch Crunch」，因爲表面的米殼非常酥脆而得名。

老虎麵包的麵包體屬於柔軟的白麵包，味道清淡溫和，外觀形狀可以是圓形或長橢圓形。表面脆殼則是由米粉、麻油、酵母及水調和成的麵糊，因爲米粉沒有筋性，在發酵過程中不會隨著麵團膨脹而與麵團一起拉伸。在烘烤過程中，米粉麵糊逐漸變乾並破裂，進而產生自然龜裂的脆皮，使成品看起來像老虎斑紋一樣，這也是它獨特名字的由來原因。

麵包本體製作並不困難，要注意表面的米糊太稀或太稠都不適合，而且烘烤的溫度也需要較高溫，溫度太低也就沒有辦法烘烤出漂亮的裂紋。成品外脆內軟，可以享受豐富的口感。

Ingredients 材料（份量：6 個）

a. 麵包麵團

高筋麵粉 225g

鹽 3g

細砂糖 15g

麻油 15g

（也可用奶油或其他液體油代替）

速發乾酵母 1/3 茶匙（約 1.5g）

水 155g

b. 表面米糊

在來米粉 50g

高筋麵粉 8g

鹽 1/4 茶匙（約 1g）

細砂糖 1/2 茶匙

速發乾酵母 1/4 茶匙（約 1g）

水 60g

麻油 10g

c. 包入餡料

雙色乳酪絲 180g

* 請依照 CH1「麵團基本操作」揉好麵團並發酵 1 小時至兩倍大。

Step by step 作法

1 工作桌上撒些高筋麵粉，將發酵完成的麵團移出到桌面，表面也撒些高筋麵粉。

2 用手將麵團中的空氣壓下去並擠出來。

3 將麵團平均分割成 6 等份。

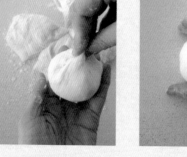

4 將麵團的光滑面翻折出來滾成圓形。

5 蓋上乾淨的布，讓麵團休息 15 分鐘。

6 趁麵團休息的時間做米糊，將鹽、糖加入粉類中攪拌均勻。

7 再加入速發乾酵母及水，攪拌均勻。

8 最後加入麻油攪拌均勻，密封備用。

9 將作法 5 的麵團擀成直徑約 12cm 的圓片狀。

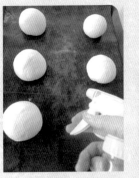

10 放入雙色乳酪絲，收口捏緊。

11 間隔整齊排放在烤盤中，在麵團表面噴些水。

12 整盤放入烤箱中，關上烤箱門再發酵 50-60 分鐘至兩倍大。

13 將 b 材料混勻成米糊，塗抹在麵團表面。

14 放入已預熱至 220 度 C 的烤箱中，烘烤 18-20 分鐘至表面呈現金黃色即可。

15 出爐後移至網架放涼。

Stroopwafel

荷式焦糖華夫餅

第一次吃到焦糖華夫餅，是旅居荷蘭的好友 Sonia 特別帶回來送給我的，印著藍色風車的小鐵罐，裡面的焦糖華夫餅軟硬適中，嚐一口就讓人驚艷。薄薄的兩層華夫煎餅中間夾了一層焦糖漿，很適合搭配咖啡和茶。

雖然名稱中有華夫餅（Wafel）字樣，但實際上和鬆軟的比利時華夫餅還是不一樣的。荷蘭華夫餅是軟糯有嚼勁的口感。據說 1784 年在荷蘭一個叫豪達（Gouda）的地方，當時是全荷蘭最窮的城市，那時「豪達人」在荷蘭語中和「乞丐」是同樣的意思。在豪達的一個烘焙師傅，因為不想浪費店裡剩下的麵包麵團和餅乾屑，所以加上麵粉一塊揉成團烘烤成華夫餅，中間再夾入焦糖，就這樣製作出獨樹一格的甜點。因為是使用剩料製成，所以非常便宜，一兩分錢就能買一個，是窮人吃的甜點。後來慢慢傳至全國，在街頭巷尾現烤現賣，成為荷蘭人的日常點心。

焦糖華夫餅最正宗吃法就是將餅乾蓋在熱騰騰的咖啡或者茶的杯口上方，讓熱氣使得中間的糖漿稍微軟化，一口焦糖華夫餅一口咖啡，苦味與甜味在口中完美交織。

Ingredients 材料（份量：10 個）

a. 餅皮

速發乾酵母 1/2 茶匙　　細砂糖 75g
牛奶（室溫）30g　　　鹽 1/8 茶匙
無鹽奶油 75g　　　　雞蛋（室溫）1 個
低筋麵粉 250g　　　　香草精 1/2 茶匙
肉桂粉 1/4 茶匙

b. 奶油焦糖醬

水 15g
細砂糖 50g
黑糖蜜 150g
無鹽奶油 30g

* 黑糖蜜作法請參考 42 頁。

Step by step 作法

1 將速發乾酵母倒入牛奶中攪拌均勻，靜置 5 分鐘。

2 把無鹽奶油加溫融化成爲液態。

3 低筋麵粉加肉桂粉混合均勻過篩，加入細砂糖及鹽混合均勻。

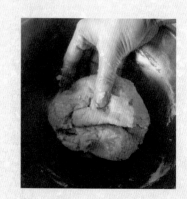

4 加入雞蛋及作法 1 的酵母牛奶，用手混合成團。

5 將麵團移至工作桌面，撒上一點麵粉（份量外），稍微搓揉 5-6 下至光滑，放入工作盆（勿搓揉過久，以免影響口感）。

6 覆蓋乾淨的布，室溫發酵 1 小時。

製作奶油焦糖醬

7 將水、細砂糖、黑糖蜜及無鹽奶油放入鍋中。

8 以中小火加熱至所有材料融化。

9 繼續熬煮 6-7 分鐘至濃稠狀態。

10 倒出冷卻備用。

荷　蘭 NETHERLANDS

11 發好的麵團移至工作桌面，搓揉成條狀。

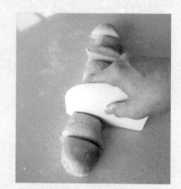

12 將麵團平均切成 10 等份。

13 放在手心中，一一搓圓。

14 格紋蛋捲盤放在瓦斯爐上，兩面各加熱 1 分鐘。

15 將麵團放在蛋捲盤中間，蓋上蛋捲盤夾緊。

16 兩面交錯加熱，直到煎餅烘烤至金黃色。

17 將煎餅移出蛋捲盤，趁熱用 4 吋空心模緊壓，壓出圓形煎餅。

18 用刀從煎餅中間橫剖成兩半。

19 抹上奶油焦糖醬，再蓋回煎餅即完成。

Vanillekipferl

新月形餅乾

新月形餅乾起源於奧地利維也納，是巴伐利亞小鎮 Nördlingen 的傳統糕點，使用了堅果及香草製成，散發著濃濃的奶油及香草味道。依照傳統這一款餅乾是在聖誕節才會製作，但因為受到大眾喜愛，因此現在已經不限於只有聖誕節可以吃到，一般麵包店或咖啡廳全年都有販售。

關於這款餅乾的造型有兩種說法。說法一：據說在 1683 年的維也納戰役中，奧斯曼土耳其軍隊計劃用鑽地道的方式夜襲維也納，沒想到卻被早起烤麵包的麵包師發現，他們拉響了全城警報，從而使敵方的偷襲以失敗告終。為了紀念這次勝利，麵包師傅們把糕點做成了號角的形狀，這種形狀也很近似於奧斯曼帝國新月旗幟的標誌。所以這款餅乾也是象徵慶祝軍隊在戰爭中贏了土耳其。說法二：早在 13 世紀時，月牙造形的糕點就已出現在奧地利，來自於中世紀歐洲人對月亮的崇拜。

這款餅乾在德國、匈牙利、波蘭、克羅西亞地區、捷克共和國、羅馬尼亞和斯洛伐克也很常見，一樣是傳統的聖誕節餅乾。

Ingredients 材料（份量：25 個）

無鹽奶油 150g
低筋麵粉 210g
杏仁粉 75g
糖粉 50g
香草精 3/4 茶匙

Step by step 作法

1 無鹽奶油切小塊回復室溫，過篩低筋麵粉。

2 無鹽奶油攪拌成乳霜狀態。

3 加入糖粉，攪拌至挺立狀態。

4 加入香草精及杏仁粉，攪拌均勻。

   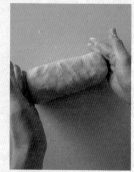

5 加入一半的低筋麵粉，刮壓混合均勻。

6 加入剩下的低筋麵粉，以切拌方式混合均勻成團。

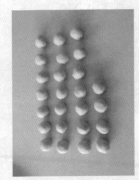

7 將麵團平均分成 25 等份（每個約 20g），在手掌中滾圓。

8 搓揉成紡錘形，兩端彎曲成月亮形。

9 間隔整齊排放在烤盤中。

10 放入已預熱至 160 度 C 的烤箱中，烘烤 16-18 分鐘至表面金黃色。

11 移出烤盤冷卻，撒上糖粉，密封保存。

Kifli

彎月鹽奶油麵包

彎月造形的麵包，最早在 13 世紀時就已出現在奧地利維也納，被認爲是現存最古老的糕點形狀。匈牙利語中，Kifli 的意思是「扭曲」或「新月形」，而 Kipferl 之所以會被設計爲彎月造形，可能是來自於中世紀歐洲人對月亮的崇拜，用做成月亮造型的糕點來祭祀月亮女神 Selene。

這是在中歐很多地區常見的傳統發酵麵包捲，是修道院在復活節準備的糕點。麵團發酵完成後切成三角形，再經由雙手滾動成彎月造型，據說法國可頌麵包的造型也是因爲 Kifli 而得到的靈感。

味道清淡的彎月麵包有著單純的麥香，表面薄鹽帶點淡淡鹹香，很適合早餐時間搭配咖啡或牛奶食用。

Ingredients 材料（份量：6 個）

a. 麵包麵團

高筋麵粉 270g

全麥麵粉 30g

鹽 1/2 茶匙（約 2g）

細砂糖 30g

速發乾酵母 1/2 茶匙（約 2g）

牛奶 210g

無鹽奶油 30g

b. 內餡

含鹽奶油 60g

（切成 6 個條狀）

c. 表面裝飾

鹽適量

* 請依照 CH1「麵團基本操作」揉好麵團並發酵 1 小時至兩倍大。

Step by step 作法

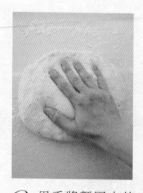

1 工作桌上撒些高筋麵粉，將發酵完成的麵團移出到桌面，表面也撒些高筋麵粉。

2 用手將麵團中的空氣壓下去並擠出來。

3 將光滑面翻折出來，收口捏緊，覆蓋乾淨的布或容器休息 15 分鐘。

4 麵團表面撒些高筋麵粉，擀開成直徑約 40cm 的大圓片。

5 將麵皮平均切成 6 等份。

6 麵皮稍微擀開成有點長的三角狀。

7 在每片三角麵皮上方放一塊 10g 條狀的含鹽奶油。

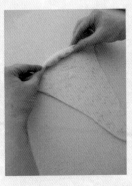

奧地利 AUSTRIA

8 由三角麵皮的外緣捲起，兩端往內摺成爲牛角狀。

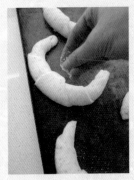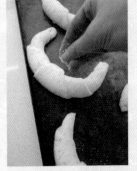

9 間隔整齊排放在烤盤中。

10 表面噴水，整盤放烤箱再發 60 分鐘至兩倍大。

11 進爐前在麵團表面撒上少許鹽。

12 放入已預熱至 200 度 C 的烤箱中，烘烤 15-16 分鐘至表面呈現金黃色。

13 移出烤盤冷卻。

Bündner Nusstorte

瑞士焦糖核桃塔

焦糖核桃塔是瑞士許多烘焙店都會販售的一款甜點，最早出現於 1920 年瑞士東南部羅曼什語區的格勞賓登州，當時它的外型以及口味就是一般家庭手作的核桃派。1926 年，一位住在瑞士與奧地利邊界小鎮－恩葛丁的烘焙師傅 Fausto Pult 將這款派的外型與內餡稍做改良，讓它看起來現代感十足。1934 年，他把核桃塔帶到巴賽爾博覽會（Mustermesse）展售，受到廣大的喜愛與歡迎，成功地將核桃塔介紹給全世界，成為當地最具代表性的糕點。

焦糖核桃塔的外皮由經典的奶油麵團製成，其中包含麵粉，糖，雞蛋，奶油。填入餡料由蜂蜜、鮮奶油、糖煮成的焦糖醬，再混合切碎的核桃，放入烤箱烘烤製成。完成的核桃塔適合保存較長時間，外皮香酥，內餡口感豐富滋味濃郁，很適合切成小塊搭配咖啡或紅茶食用。

Ingredients 材料（份量：1 個，6 吋）

a. 塔皮

無鹽奶油 75g
細砂糖 40g
鹽 1 小撮
全蛋液 25g
香草精 1/2 茶匙
蛋黃 1 個
杏仁粉 25g
低筋麵粉 120g

b. 焦糖什錦果乾餡

核桃 80g
水 35g
細砂糖 80g
蜂蜜 40g
動物性鮮奶油 60g

c. 表面裝飾

全蛋液適量

註：核桃事先放入已預熱至 150 度 C 的烤箱中烘烤 10 分鐘，取出後冷卻，切小塊備用。

Step by step 作法

1 無鹽奶油切小塊，回復室溫軟化，攪拌成乳霜狀。

2 加入細砂糖及鹽，攪拌均勻至尾端挺立狀態。

3 加入蛋黃，攪拌均勻。

4 加入香草精，攪拌均勻。

5 加入杏仁粉，攪拌均勻。

6 將低筋麵粉過篩。

7 最後加入低筋麵粉，用刮刀切拌成鬆散狀態。

8 然後用手捏壓成團。

9 用保鮮膜包覆，放冰箱冷藏休息 30 分鐘。

10 在烤模中塗抹一層無鹽奶油（份量外）。

11 再撒上一層低筋麵粉（份量外），倒除多餘的粉，放冰箱冷藏備用。

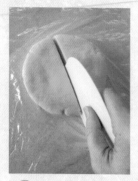   

12 從冰箱取出麵團，稍微回溫 5-6 分鐘，切成 70g 及 100g 兩個。

13 將較大的麵團上下鋪保鮮膜，擀開成為圓形（比烤模直徑稍大 5cm）。

14 拿著保鮮膜將麵皮移至烤模，鋪放在烤模中。

15 撕開保鮮膜，將餅皮壓平整。

16 用擀麵棍在派盤表面來回滾壓，將多餘派皮撕去，放置一旁備用。

製作內餡

17 將水、細砂糖及蜂蜜倒入鍋中。

18 開小火煮糖液，稍微搖晃一下鍋身讓水與細砂糖混合均勻。

19 煮到深咖啡色冒泡泡，就馬上關小火，倒入動物性鮮奶油攪拌均勻，再持續加熱1分鐘至濃稠。

20 加入事先烤過並切小塊的核桃，混合均勻後關火。

21 倒入烤模中，將餡抹平整。

22 將另一個 70g 麵團的上下鋪保鮮膜，擀開成為圓形（比烤模稍大）。

23 麵皮連同保鮮膜移至烤模上方鋪放，撕開保鮮膜，用擀麵棍在派盤表面來回滾壓，撕去多餘派皮，將餅皮壓平整。

24 用叉子在餅皮表面均勻戳出孔洞。

25 表面均勻塗抹一層全蛋液。

26 放入已預熱至 180 度 C 的烤箱中，烘烤 30 分鐘至表面呈現金黃色。

27 移出烤模，放至網架冷卻。

28 切成喜歡的大小即可享用。

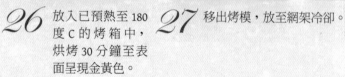

Zuger Kirschtorte

櫻桃白蘭地蛋糕

瑞士的古城琉森（Luzern）位於德語區，是瑞士中部琉森州的首府。位於琉森湖畔，有著美麗的自然風光，以及「湖畔巴黎」的美稱，更被讚譽爲全瑞士最美麗的城市，是旅遊的熱門地點。琉森有一間非常受到當地人喜愛的咖啡館 Heini Luzern，1957 年成立至今已超過 60 年，由一家小糖果店發展到現在有 4 家連鎖的麵包甜點店。楚格櫻桃白蘭地蛋糕（Treichler Zuger Kirschtorte）正是 Heini Luzern 高人氣的招牌甜點，還入選至《瑞士烹飪遺產名冊（Culinary Heritage of Switzerland）》中，可見櫻桃白蘭地蛋糕的魅力所在。

這款蛋糕是由糕點師 Heinrich Höhn 於 1921 年所創造出來的，鬆軟的海綿蛋糕上下覆蓋著兩片酥脆的杏仁蛋白餅，夾層中塗抹著櫻桃白蘭地酒製作的奶油，醇厚的酒香中和了奶油的甜膩，堅果風味的濃郁口感非常特別，吃起來滿滿幸福感。

Ingredients 材料（份量：8 吋）

a. 杏仁蛋白餅

蛋白 2 個（冰）
糖粉 60g（分成 25g 與 35g）
杏仁粉 40g

b. 海綿蛋糕

雞蛋 2 個（室溫）
蛋黃 2 個（室溫）
細砂糖 65g
鹽 1 小撮
香草精 1/2 茶匙
低筋麵粉 45g
玉米粉 20g

c. 櫻桃白蘭地義式奶油霜

無鹽奶油 250g
細砂糖 180g
水 50g
蛋白 2 個（室溫）
紅麴粉 1/4 茶匙
櫻桃白蘭地 15g

d. 櫻桃白蘭地糖漿

細砂糖 30g
櫻桃白蘭地 30g

e. 裝飾

杏仁片 50g
糖粉 2-3 大匙

Step by step 作法

1 將 25g 糖粉加入杏仁粉中混合均勻（糖粉若有結塊請先過篩）。

2 把 35g 糖粉加入蛋白中，以中高速打發成爲挺立的乾性蛋白霜。

3 將事先混合均勻的杏仁糖粉加入蛋白霜中。

4 以切拌方式混合均勻。

5 把 8 吋慕斯模放在防沾烘焙烤布上，杏仁糊平均分成兩半，倒入慕斯模中鋪平後移開慕斯模。

6 再用刮鏟將蛋白餅表面抹平整。

7 放入已預熱至 170 度 C 的烤箱中烘烤 15 分鐘，然後關火悶 20 分鐘，移出烤箱冷卻。

8 爲保持酥脆感，請確實密封，冷藏備用。

製作海綿蛋糕

9 將低筋麵粉及玉米粉一同過篩。

10 將雞蛋及蛋黃放入工作盆中，加入細砂糖。

11 以中高速打發至全蛋液滴落下來有明顯痕跡，畫圈圈不會馬上消失的程度。

瑞 士 SWITZERLAND

15 加入香草精，改用低速混合均勻。

16 分兩次倒入過篩的低筋麵粉，以切拌方式
混合均勻。

17 準備 6.8 吋慕斯模，於底部鋪白報紙，從較高處倒入麵糊。

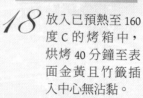

18 放入已預熱至 160
度 C 的烤箱中，
烘烤 40 分鐘至表
面金黃且竹籤插
入中心無沾黏。

19 出爐後倒扣在網
架上冷卻，完全
冷卻後，撕去底
部烤紙。

20 用刮刀在慕斯
模邊緣劃一圈。

21 將蛋糕脫模，密封防乾燥，備用。

製作櫻桃白蘭地義式奶油霜

22 將無鹽奶油切小塊,回復室溫(用手指壓按後有指印的軟度)。

23 使用電動打蛋器,以中速將蛋白攪打至產生大泡泡的程度,備用。

24 將細砂糖倒入水中。

25 以中火加熱至100-105度C(冬天100度C,夏天105度C)。

26 以線狀方式,慢慢將糖漿倒入蛋白霜中,一邊高速攪打。

27 攪打至拿起打蛋器時,蛋白霜尾端呈現挺立有光澤的狀態。

Baking Notes

作法 26 倒入糖漿時要慢慢地,倒太快的話,糖漿會使蛋白霜凝結不均勻。

28 加入紅麴粉,以低速混合均勻。

29　讓蛋白霜冷卻到約 35 度 C，再放入回復室溫的無鹽奶油攪拌均勻（若蛋白霜太燙的話，會將無鹽奶油融化成為液狀，而使得成品失敗）。

30　最後加入白蘭地櫻桃酒，攪拌均勻即完成。

製作櫻桃白蘭地糖漿

31　將細砂糖加入櫻桃白蘭地中混合均勻，備用。

組合裝飾

32 杏仁片放入已預熱至 150 度 C 的烤箱中，烘烤 7-8 分鐘至表面金黃，冷卻備用。

33 一片杏仁蛋白餅上塗抹適量的櫻桃白蘭地義式奶油霜。

34 疊上海綿蛋糕。

35 用軟毛刷在海綿蛋糕表面塗刷櫻桃白蘭地糖漿。

36 用刮刀在表面及周圍塗抹一層櫻桃白蘭地義式奶油霜。

37 疊上另一片杏仁蛋白餅。

38 表面塗抹一層櫻桃白蘭地義式奶油霜，用抹刀抹平整。

39 在蛋糕周圍沾滿一圈杏仁片（一手拿著蛋糕底部稍微傾斜，另一手將杏仁片往蛋糕上沾）。

40 在蛋糕表面篩上一層糖粉。

41 最後用抹刀在表面壓出菱形紋路即完成，冷藏保存。

Tea ring

瑞典茶環麵包

瑞典茶環麵包是一款略帶甜味的酵母麵包，以香料調味，內部捲入糖及肉桂粉或小豆蔻粉，再整型成花圈狀的糕點。烘烤出來的麵包表面淋灑上晶亮的糖霜，這一款麵包不僅味道迷人，外觀看起來華麗大方，這是瑞典世代相傳在耶誕節或復活節會準備的食物，為客人帶來驚喜！

由其名字就可以知道，這是一款很適合搭配茶飲的麵包，可以做為午茶或睡前的點心，也是完美的早餐，清淡又充滿肉桂的芳香。因為夾餡有添加較多的糖，所以麵團中的糖並不多，如果希望成品吃起來更豐富，還可以添加一些堅果或水果乾，如核桃、杏仁、葡萄乾…等。完成的麵包除了趁新鮮當天食用，也可以分切冷凍起來，想吃的時候隨時解凍回溫再烘烤加熱，就是方便的早餐。

Ingredients 材料（份量：1個）

a. 麵包麵團

高筋麵粉 300g

鹽 1/2 茶匙（約 2g）

細砂糖 30g

速發乾酵母 1/2 茶匙（約 2g）

雞蛋 1 個

牛奶 150g

無鹽奶油 30g

b. 內餡

核桃 100g

葡萄乾 50g

無鹽奶油 40g

黑糖 60g

肉桂粉 6g

c. 表面裝飾

全蛋液適量

純糖粉 60g

水 1 茶匙

* 請依照 CH1「麵團基本操作」揉好麵團並發酵 1 小時至兩倍大。

Step by step 作法

1 將核桃鋪放在烤盤中，放入已預熱至150 度 C 的烤箱中，烘烤 8-10 分鐘至金黃，冷卻備用。

2 黑糖加肉桂粉混合均勻，備用。

3 工作桌上撒些高筋麵粉，將發酵完成的麵團移出到桌面，表面也撒些高筋麵粉。

4 用手將麵團中的空氣壓下去並擠出來。

5 將光滑面翻折出來，收口捏緊。

6 覆蓋乾淨的布，讓麵團休息 15 分鐘。

7 在麵團表面撒些高筋麵粉，擀開成約 45*30cm 的長方形。

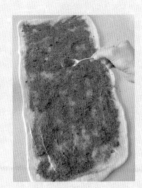

8 均勻塗抹一層回軟的無鹽奶油在麵皮上。

9 先均勻撒上黑糖肉桂粉，再均勻撒上核桃及葡萄乾。

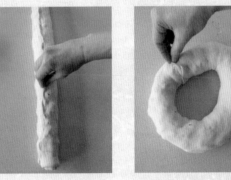

10 由長邊開始捲起成柱狀，收口捏緊。

11 頭尾相接成環狀，收口處捏緊。

12 在麵團上每 5cm 切一刀，但不切斷。

13 大約切 16 刀，做出放射狀，將切開的麵團切面翻轉朝上。

14 將整個麵團鋪放在烤盤中，表面噴水，整盤放烤箱再發 60 分鐘至兩倍大。

15 進爐前在表面刷上一層全蛋液。

16 放入已預熱至 170 度 C 的烤箱中，烘烤 18-20 分鐘至表面呈現金黃色，移出烤盤冷卻。

17 將糖粉加水攪拌 5-6 分鐘，至完全溶化呈線狀滴落的程度。

18 用小湯匙隨意在麵包表面淋灑出喜歡的圖案。

瑞　典　SWEDEN

Semla

鮮奶油豆蔻麵包

Semla 是瑞典非常傳統的甜麵包，一種填滿鮮奶油和杏仁醬的豆蔻麵包，在瑞典語中，Semla 是指普通的小麥麵包。早期，它被作爲齋戒日到復活節期間的傳統宗教食品，是瑞典當地在懺悔星期二必備的傳統甜點，因爲 Semla 屬於熱量高的甜點，所以還有了「肥胖星期二」的戲稱。

在瑞典歷史上，有位因 Semla 而「聞名於世」的國王－阿道夫・弗雷德里克（Adolf Frederick），他非常喜愛 Semla。1771 年 2 月 12 日，國王在一頓飽餐之後，不顧旁人勸阻，還是吃下了 14 個 Semla，沒想到最後竟因吃下太多東西消化不良而猝逝。

瑞典每到復活節（一年開始的第 7 週的第二個星期二，每年時間不一樣，一般會在 2 月），當地人都會舉辦奶油豆蔻麵包節，這項傳統已有數百年歷史，而且斯德哥爾摩還會評選出最佳的 Semla，每年都會出現各式各樣 Semla 的創意變化版本。以前只限在復活節享用，但瑞典人太喜歡這個滿滿奶油的麵包，所以現在從新年到復活節都可以吃到。蓬鬆的麵包橫切開來，中間擠入香滑奶油，混著清香的杏仁糊，最後在表面點綴糖霜，看起來很甜膩，但其實吃起來爽口迷人，滿滿幸福感。

Ingredients 材料（份量：12 個）

a. 麵包麵團

高筋麵粉 300g
鹽 1/4 茶匙（約 1g）
細砂糖 40g
小豆蔻粉 1/4 茶匙

無鹽奶油 40g
速發乾酵母 1/2 茶匙（約 2g）
雞蛋 1 個
牛奶 150g

* 請依照 CH1「麵團基本操作」揉好麵團並發酵 1 小時至兩倍大。

b. 內餡

動物性鮮奶油 150g
細砂糖 10g

白蘭地酒 1 茶匙
* 原味鮮奶油作法請參考 43 頁。

c. 表面裝飾

全蛋液適量
純糖粉 60g

d. 麵包芯內餡

牛奶、細砂糖、杏仁粉
各適量

Step by step 作法

1 工作桌上撒些高筋麵粉，將發酵完成的麵團移出到桌面，表面也撒些高筋麵粉。

2 用手將麵團中的空氣壓下去並擠出來。

3 將麵團平均分割成 10 等份。

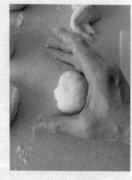

4 把小麵團光滑面翻折出來，收口捏緊滾圓。

5 整齊排放在烤盤中，表面噴水，整盤放烤箱再發 60 分鐘至兩倍大。

6 進爐前，在表面刷上一層全蛋液。

7 放入已預熱至 170 度 C 的烤箱中，烘烤 15-16 分鐘至表面呈現金黃色。

8 出爐後，移至網架冷卻。

9 將麵包頂部的 1/3 橫切下來。

10 中間的麵包芯挖出，撕成小塊。

11 每 4 個麵包芯加入 1 茶匙的牛奶、1/2 茶匙細砂糖、1 茶匙杏仁粉混合均勻。

12 將作法 11 再填回 4 個麵包中。

13 將動物性鮮奶油、砂糖、白蘭地酒打發成鮮奶油霜。

14 將鮮奶油霜裝入擠花袋中，擠在麵包上。

15 將上方麵包蓋回，最後在表面撒上糖粉即可。

Amaretti cookies

義大利杏仁餅

義大利杏仁餅有著悠久的歷史,是義大利薩隆諾(Saronno)傳統的餅乾,也是法國馬卡龍的一款變種餅乾,據說最早是在中世紀開始製造的。名字來源爲義大利語單詞— Amaro,也就是「苦味」的意思,是因爲這些餅乾都帶有苦杏仁味。主要材料是由磨碎的杏仁、糖和雞蛋白製成,它們的形狀和風味可能略有不同,既可以製作成乾燥酥脆的口感,也可以製作成外酥內軟又耐嚼的口感。這款杏仁餅的出現受到了文藝復興時期的大衆歡迎。

關於義大利杏仁餅有一個浪漫的故事,據說在 18 世紀初,一名紅衣主教來拜訪薩隆諾鎮當地的教堂,該鎮一對經營糕點店的年輕的夫婦,爲了對主教表示敬意及歡迎,於是他們用糖、雞蛋白和磨碎的杏仁製作了這一款餅乾,將小餅乾像禮物般包裹在裝飾精美的薄紙中送給主教。美味的小餅乾讓來訪的主教很高興,所以他祝福這兩個人有著幸福而美滿的婚姻。

這款杏仁餅無論任何時候都可以享用,是令人愉快的小零食,可與早上或下午的義式濃縮咖啡或卡布奇諾咖啡搭配。

Ingredients 材料(份量:15 個)

細砂糖 50g
蛋白(室溫)1 個(約 33g)
香草精 1/4 茶匙
杏仁粉 120g
糖粉適量

Step by step 作法

1 將細砂糖加入蛋白中，以中高速打發至挺立狀態。

2 加入香草精，改成低速混合均勻。

3 最後加入杏仁粉，以切拌方式混合均勻。

義
大
利
ITALY

4 用小號冰淇淋杓，
將麵團挖成一球一
球，間隔整齊排放
在烤盤中。

5 表面均勻撒上糖粉。

6 用手將麵團一一壓扁。

7 放入已預熱至 160
度 C 的烤箱中烘烤
10 分鐘，然後將溫
度調整至 140 度 C，
再烘烤 15 分鐘至表
面呈現金黃色。

8 出爐後移出烤盤，
放在網架上冷卻，
密封冷藏保存。

Baci di Dama

義大利淑女之吻

Baci di Dama 是義大利皮埃蒙特（Piedmont）一款著名和受歡迎的餅乾，有一個非常可愛的名字－淑女之吻。最初是在 1800 年代在亞歷山德里亞省一個小鎮托爾托納（Tortona）的糕點店誕生，餅乾的名字起源於它的外形，兩片半圓形造型的餅乾似乎彼此浪漫地親吻，在黑巧克力的包裹下合而為一，沒有什麼比這更浪漫和甜蜜了。

關於這個餅乾有一個浪漫的故事，西元 1852 年，國王維托裡奧‧埃曼努埃萊二世（King Vittorio Emanuele II）要求宮廷糕點師製作一種口味和形狀與平常不同的新甜點做為禮物，要送給心愛的女子。糕點師為了滿足國王，隨即運用榛果、麵粉、奶油、糖和雞蛋製成了現在著名的「淑女之吻」，也得到了國王及歐洲王室的喜愛。

可愛的「淑女之吻」在義大利大街小巷、各式甜點店、咖啡店隨處可見。親手做一些餅乾，現煮咖啡加上烘焙的香味，讓心情瞬間美好。

Ingredients 材料（份量：24 組）

無鹽奶油 100g

低筋麵粉 130g

杏仁粉 100g

細砂糖 80g

鹽 1/8 茶匙

蛋黃 1 個

苦甜巧克力磚 60g（可選擇其他口味）

Step by step 作法

1 無鹽奶油切小塊，回復室溫。

2 過篩低筋麵粉，備用。

3 無鹽奶油攪拌成乳霜狀態。

4 加入細砂糖及鹽，攪拌至挺立狀態。

5 加入蛋黃，攪拌均勻。

6 加入杏仁粉攪拌均勻。

7 加入一半的低筋麵粉，用刮壓的方式混合均勻。

8 再加入剩下的低筋麵粉切拌至鬆散狀態，然後直接用手捏壓成團。

9 用保鮮膜包覆麵團，放冰箱冷藏 30 分鐘。

義大利 ITALY

10 將麵團切成條狀，每一條搓揉變長。

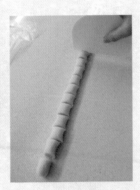

11 平均切成 48 個，每一小麵團搓揉成圓形，間隔整齊排放在烤盤中。

12 放入已預熱至 170 度 C 的烤箱中，烘烤 22-25 分鐘至表面呈現淡黃色，靜置冷卻備用。

13 切碎巧克力磚。

14 隔水加熱至完全融化。

15 裝入塑膠袋中，在前端剪一缺口。

16 餅乾中央擠入適量巧克力再夾起，在室溫靜置至巧克力凝固即完成（天氣太熱的話可放冰箱冷藏 5 分鐘，巧克力較快凝固）。

Bomboloni

義式甜甜圈

Bomboloni 是一種義大利式的甜甜圈，在義大利的各個地區都很常見，是一種油炸甜點，也稱爲「Krapfen」。最早出現是在 1600 年，起源於奧地利施蒂里亞州首府格拉茨（Graz），一個被綠樹環繞的美麗小鎮。這種甜蜜的點心最初是爲了狂歡節慶典而準備的。

之後它從格拉茨（Graz）傳到維也納，然後在奧地利統治下的義大利北部特倫蒂諾地區（Trentino）廣泛流行。這些令人難以抗拒的小甜甜圈在義大利全國各地的無數糕點店、麵包店和咖啡店中作爲小吃販售。

Bomboloni 是圓形的油炸麵團，主要由雞蛋、麵粉、酵母製成，然後下鍋油炸成一個一個圓球狀。組織蓬鬆柔軟而甜美。炸好的甜甜圈可以直接吃或是依照喜好擠入巧克力醬、蛋奶醬、花生醬或果醬，並在表面撒上糖粉。無論喜歡哪種口味，美味的炸甜甜圈都可以在溫熱的狀態下盡情享用。通常在早餐時搭配卡布奇諾一起吃，或者作爲下午的零食或甜點食用。

Ingredients 材料（份量：約 20 個）

a. 麵團

高筋麵粉 200g
鹽 1/8 茶匙（約 0.5g）
細砂糖 15g
無鹽奶油 15g
速發乾酵母 1/3 茶匙（約 1.5g）
雞蛋 1 個
牛奶 90g

b. 內餡及裝飾

細砂糖 2-3 大匙
榛果巧克力醬 150g

* 請依照 CH1「麵團基本操作」揉好麵團並發酵 1 小時至兩倍大。

Step by step 作法

1 工作桌上撒些高筋麵粉,將發酵完成的麵團移出到桌面,表面也撒些高筋麵粉。

2 用手將麵團中的空氣壓下去並擠出來。

3 平均分割成 20 等份。

 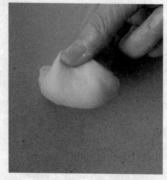

4 小麵團光滑面翻折出來,收口捏緊滾圓。

5 整齊排放在烤盤,表面噴水整盤放烤箱再發 30 分鐘。

6 液體植物油倒入油炸鍋中,中火加熱至木筷放入會產生小氣泡的程度。

7 將麵團放入油鍋中，小火炸至金黃色撈起，瀝乾油。

8 榛果巧克力醬裝入擠花袋中，使用 0.5cm 圓形擠花嘴。

9 炸好的甜甜圈沾裹一層細砂糖。

10 擠花嘴插入甜甜圈中，擠入適量榛果巧克力醬即完成。

Piadina

義式薄餅麵包

Piadina 是一種義大利的薄餅，擁有悠久的歷史。數百年來一直是義大利中北部羅馬涅地區（Romagna）美食文化的代表之一。傳統作法是使用麵粉、豬油或橄欖油、鹽及水製成，起源可以追溯到西元前 1200 年出現的「無酵餅」。關於 Piadina 的第一個書面記錄可以追溯到 1371 年，由樞機主教 Anglico 編寫的《羅馬紀描述》，該手冊首次提到羅馬涅人民的麵包配方。

在早期，麵團是在陶器上烘烤製成，而現在只要使用平底鍋即可完成。成品可以包裹上各式各樣肉類、奶酪及新鮮蔬菜食用。這種麵包最初被認為是窮人的食物，因為它是一種快速的麵餅，可以每星期一次大量製作，方便勞工階級的人民日常食用。但現在薄餅麵包已經成為一種流行的義大利街頭食品，由路邊的小販亭生產製作成三明治式出售，非常方便美味。

如果想來點不一樣口味，也可以塗上果醬、巧克力醬或花生醬，做成甜的義式薄餅，就像法國可麗餅一樣，簡單的薄餅變化多多！

Ingredients 材料（份量：8 片）

a. 薄餅

中筋麵粉 300g

鹽 1/4 茶匙（約 1g）

橄欖油 20g

速發乾酵母 1/4 茶匙（約 1g）

水 180g

b. 夾餡

番茄

洋蔥

乳酪

帕瑪生火腿

羅勒葉

各適量

Step by step 作法

1 將中筋麵粉、鹽、橄欖油及速發乾酵母放入工作盆中，倒入水，快速混合成團。

2 將麵團移至工作桌面，反覆搓揉5-6分鐘至光滑。

3 麵團滾圓、收口捏緊，放入密封容器中，室溫發酵30分鐘。

4 在工作桌上撒些中筋麵粉，將發酵完成的麵團移出到桌面，表面也撒些中筋麵粉。

5 用手將麵團中的空氣壓下去並擠出來。

6 平均分割成8等份。

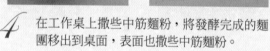

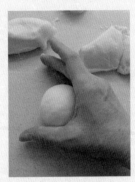
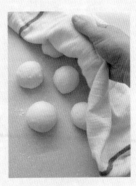

7 將小麵團的光滑面翻折出來，收口捏緊滾圓，覆蓋乾淨的布休息 15 分鐘。

8 在麵團表面撒些中筋麵粉。

9 擀開成直徑約 20cm 的圓形薄片。

10 放入平底鍋中，以中小火乾烙 1-2 分鐘翻面。

11 再乾烙 1-2 分鐘後，兩面都變色即完成。

12 準備喜歡的蔬菜、肉類及乳酪。

13 先鋪上生菜、乳酪，再放上肉類包起來即可享用。

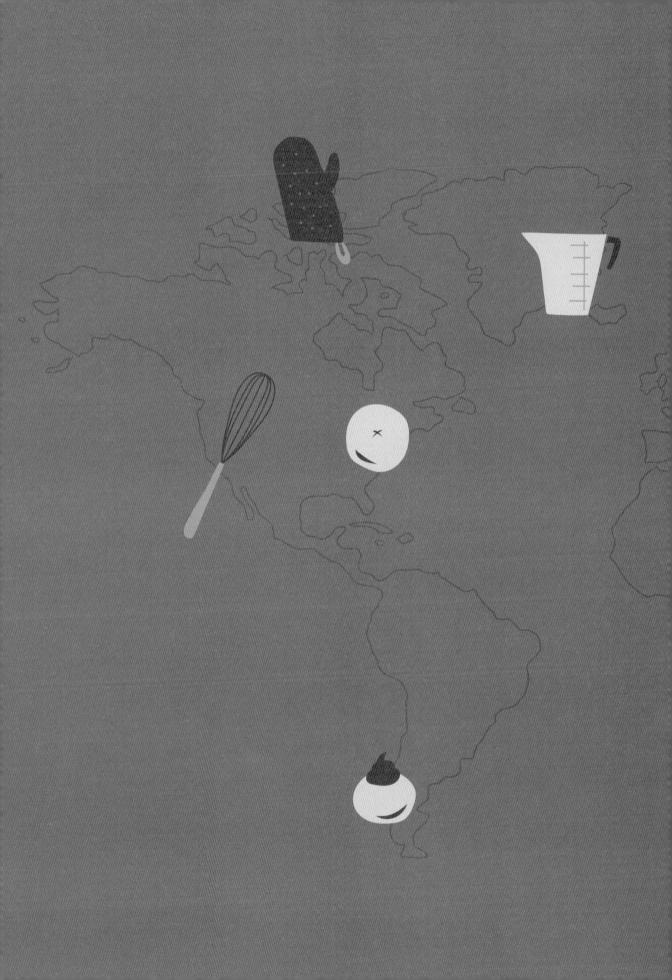

Chapter 4

美洲的
烘焙點心

America

Date Squares

燕麥椰棗餅

燕麥椰棗餅是加拿大的一款傳統甜點，在加拿大東部稱爲方塊椰棗（Date Squares）或椰棗碎（Date Crumbles），而在加拿大西部則稱爲婚姻蛋糕（Matrimonial Cake）。至於爲何稱爲婚姻蛋糕，可能是因爲椰棗餡由上下兩塊燕麥餅乾連結，象徵兩個人走入婚姻生活，開始了人生的新階段，要互相包容體諒才能夠成就完整的家庭，眞的感覺十分貼切也很有意義。

這種老式甜點已經在加拿大流行很長一段時間，街頭巷尾的咖啡店都可以看到。它由上下兩層酥脆的燕麥餅乾與一層椰棗果醬組成，酥脆的餅皮與柔軟甜蜜的果餡形成對比鮮明的質感。燕麥餅作法並不難，材料也單純，包含麵粉、紅糖、奶油及燕麥片。但要特別注意在操作燕麥餅的過程，爲了達到酥鬆口感，混合的時候不要過度搓揉，以免麵粉產生筋性造成組織乾硬。內餡主要材料是中東的椰棗，果糖含量高，也是蛋白質以及維生素 A 和 B 的良好來源，很適合添加在甜點中，先加熱熬煮至濃稠，冷卻後再使用。

烤一盤燕麥椰棗餅，自然果香的甜美讓下午茶時光充滿幸福與歡樂！

Ingredients 材料（份量：14.5*14.5cm 方形烤模）

a. 椰棗醬

椰棗 180g
檸檬汁 1 大匙
黃砂糖 15g
水 100g

b. 塔皮

即食燕麥片 70g
低筋麵粉 60g
黑糖 50g
無鹽奶油 65g

Step by step 作法

製作椰棗醬

1 椰棗切開去核。

2 加入檸檬汁、黃砂糖及水（甜度可自行斟酌）。

3 中小火加熱熬煮，一邊加熱一邊攪拌，煮至椰棗成為濃稠狀關火備用。

製作塔皮

4 無鹽奶油切小塊並回復室溫，低筋麵粉過篩，備用。

5 將即食燕麥片、低筋麵粉、黑糖放入工作盆中混合均勻。

6 加入無鹽奶油，用手抓捏混合成團，平均分成兩等份。

7 在方形慕斯模底部鋪上防沾烤紙。

8 將一半麵團壓入方形慕斯模中，壓平整。

9 均勻鋪放上椰棗醬，壓平整。

10 剩下的麵團撕成小塊壓扁，鋪放在椰棗醬上方。

11 放入已經預熱至170 度 C 的烤箱中烘烤 50 分鐘。

12 移出烤盤冷卻，用刮刀在周圍劃一圈，再將慕斯模移除。

13 切成小方塊食用。

Old-fashioned doughnut

老式甜甜圈

甜甜圈是很常見的甜點，無論是專賣店或一般麵包店都可以看到各種樣式，非常受到大眾喜愛。甜甜圈依照其作法可以分爲酵母甜甜圈及蛋糕甜甜圈兩種。

酵母甜甜圈類似麵包，由酵母發酵製作，組織較蓬鬆輕盈，味道清爽，成品直接食用或填入餡料，又或者表面沾裹糖粒及糖漿。蛋糕甜甜圈由蛋糕麵糊製成，主要成分包含麵粉、雞蛋、糖及膨脹劑，組織質地較厚實，油炸之後外層酥脆內裡柔軟，而且外觀有裂紋或孔洞，成品可直接食用，或是表面沾裹糖霜或巧克力，看起來更吸引人。

蛋糕甜甜圈約 1830 年起源於美國，在這之前都是由酵母來製作甜甜圈。因爲當時開始出現人工膨脹劑，利用膨脹劑製作更加快速便捷。老式甜甜圈屬於蛋糕甜甜圈的一種，與蛋糕甜甜圈相比，老式甜甜圈使用的油脂及糖較少，外觀看起來更粗獷，裂紋更多，而且其口感更加酥脆獨特。

Ingredients 材料（份量：8 個）

無鹽奶油 20g

細砂糖 60g

雞蛋 1 個（淨重約 50g）

低筋麵粉 165g

香草精 1/2 茶匙

巧克力磚 50g

炸油 300g

Step by step 作法

1 將低筋麵粉過篩，
備用。

2 無鹽奶油切小塊並
回復室溫。

3 將無鹽奶油攪拌
成乳霜狀態。

4 加入細砂糖攪拌均
勻。

5 加入雞蛋及香草精攪拌均勻。

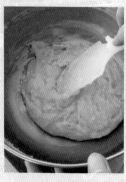

6 加入一半的低筋麵粉，刮壓混合均勻。

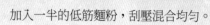

7 加入剩下的低筋麵粉切拌成鬆散狀。

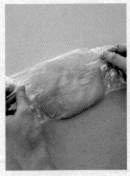

8 用手捏緊成團，用保鮮膜包覆後放冰箱，讓麵團冷藏休息30分鐘。

9 麵團冰箱取出稍微回溫，平均分成8等份（每個約35g）。

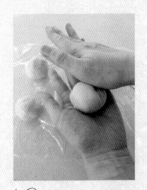

10 讓麵團一一在手掌中滾圓。

11 壓扁麵團，在中央戳出孔洞。

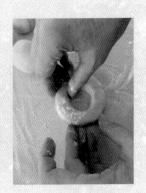

12 在手指間滾動做成圈形。

13 用竹籤在麵團表面劃一圈。

14 放入 160 度 C 的油鍋中，炸至金黃撈起瀝油。

15 切碎巧克力磚後放入鍋中，隔水加熱（水溫 50 度 C）至完全融化。

16 讓冷卻的甜甜圈的一半
沾上巧克力醬。

17 放網架上靜置，至巧
克力完全凝固即可。

Baking Notes

天氣太熱的話，可將沾好巧克力的甜甜圈放冰
箱冷藏 5 分鐘，巧克力會較快凝固。

Pecan Praline

奶油果仁糖

奶油果仁糖是美國南方的一種傳統甜點，由糖、玉米糖漿、牛奶、奶油和胡桃製成，是具有悠久歷史和豐富風味的甜點。果仁糖的起源可以追溯到 17 世紀法國，普遍認爲果仁糖是由法國外交官塞薩爾·德·舒瓦瑟爾公爵（César de Choiseul du Plessis-Praslin）的廚師 Clement Lassagne 所創造。他用糖衣包裹著杏仁，做成了甜蜜的小甜點，爲了紀念公爵，以公爵的名字來命名。

後來在美國路易西安納州新奧爾良的法國移民將作法帶入，當地的非裔廚師將杏仁用盛產的胡桃代替，並添加了牛奶而且使用紅糖，製作出現在的果仁糖，成爲該市最受歡迎的食品之一，也在美國南部迅速流行。

現在的奶油果仁糖已成爲新奧爾良的代名詞，在一年中的任何日子或場合，都可以在路易斯安那州家庭的慶祝活動中看到這些糖果，也是完美甜蜜的伴手禮。

Ingredients 材料（份量：12 個）

胡桃（山胡桃）150g
牛奶 25g
動物鮮奶油 30g
黑糖 45g
細砂糖 45g
鹽 1g
香草精 1/4 茶匙
含鹽奶油 25g

Step by step 作法

1 將胡桃放入已預熱至 150
度 C 的烤箱中烘烤 10 分
鐘，冷卻備用

2 依序將牛奶、動物鮮奶油、黑糖、細砂糖、鹽、香草精、含
鹽奶油放入牛奶鍋中。

3 以中火加熱至 115 度 C，關火。

4 將胡桃加入混合均勻。

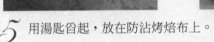

5 用湯匙舀起，放在防沾烤焙布上。

6 靜置至完全冷卻即完成，密封保存。

Red Velvet Cake

紅絲絨蛋糕

紅絲絨蛋糕起源於美國，具有微妙的巧克力風味和獨特的鮮紅色彩，它以濕潤的口感和討喜的紅色為大家所喜愛，在情人節或特別節日成為眾多蛋糕中的首選。尊貴的深紅色澤與淡雅可可風味，成為流傳百年的經典蛋糕，也是美國紐約華爾道夫酒店（Waldorf Astoria New York）的經典甜點！

關於紅絲絨蛋糕誕生的故事有非常多版本，流傳最廣的是在 1920 年代，相傳一位客人到紐約的華爾道夫酒店用餐，但吃完飯卻沒有足夠的錢付帳，結果他用一張甜品食譜抵帳，而這張食譜記錄的正是紅絲絨蛋糕。另一則紅絲絨蛋糕故事也非常有趣，曾經有一位入住華爾道夫酒店的女客人非常喜歡酒店做的紅絲絨蛋糕，回家後她仍然念念不忘蛋糕的美好滋味，便寫信到酒店，希望可以獲得蛋糕的食譜做法。沒想到，酒店很快就回信給她，並附上了紅絲絨蛋糕的食譜。不久她就收到華爾道夫酒店的巨額帳單，才知道原來那份食譜並不是免費的。女客人一氣之下就將這份食譜公開給大眾，從此紅絲絨蛋糕就聞名世界。

傳統的紅絲絨蛋糕組織濕潤厚實，加上濃郁的奶油甜醬，紅白兩色看似簡單的甜點，卻完美融合多種豐富滋味。此處做法用紅麴粉來取代食用色素，吃得更安心。

Ingredients 材料（份量：6 吋）

a. 蛋糕體

無鹽奶油 60g
細砂糖 80g
鹽 1/8 茶匙
雞蛋 1 個（淨重約 55-60g）
低筋麵粉 160g
紅麴粉 5g

無糖可可粉 5g
小蘇打粉 1/2 茶匙
香草精 1 茶匙
白醋 1/2 茶匙
原味優格 135g

b. 奶油甜醬

牛奶 160g
低筋麵粉 24g
無鹽奶油（室溫）170g
細砂糖 100g
香草精 1/2 茶匙

Step by step 作法

1 在兩個烤模內分別塗抹一層無鹽奶油（份量外）。

2 撒上一層低筋麵粉（份量外），再將多餘的麵粉倒出。

3 將低筋麵粉、紅麴粉、無糖可可粉及小蘇打粉一起過篩。

4 無鹽奶油切小塊回復室溫，攪拌成乳霜狀。

5 加入細砂糖，攪拌均勻。

6 依序加入雞蛋、香草精、白醋及原味優格，攪拌均勻。

7 最後加入作法 3 的粉類，以「切拌」方式混合均勻（勿過度攪拌）。

8 將麵糊平均分成 2 等份，分別倒入烤模中，進爐前在桌面輕敲數下。

9 放入已經預熱至 170 度 C 的烤箱中，烘烤 20-22 分鐘至竹籤插入無沾黏。

10 出爐後馬上移出烤模，冷卻備用。

製作奶油甜醬

11 低筋麵粉過篩，加入牛奶鍋中攪拌均勻。

12 以小火加熱，邊加熱邊攪拌至濃稠離火，冷卻備用。

13 無鹽奶油切小塊回復室溫，攪拌成乳霜狀。   *14* 加入細砂糖，攪拌均勻。

15 牛奶麵糊分 3-4 次加入，攪拌均勻。   *16* 加入香草精，攪拌均勻。

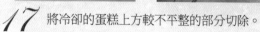

組合

17 將冷卻的蛋糕上方較不平整的部分切除。   *18* 先塗抹適量的奶油甜醬在一片蛋糕上。

19 再疊上另一片蛋糕，表面及周圍覆蓋一層奶油甜醬，抹平整。

20 剩下的奶油甜醬裝入擠花袋中，使用星形擠花嘴。

21 在蛋糕表面裝飾花樣，做出自己喜歡的裝飾。

22 切下來的蛋糕搓揉成碎屑。

23 依照個人喜好，裝飾在蛋糕表面及底部即完成。

Baking Notes

此款蛋糕請冷藏保存，但冷藏後蛋糕會變比較硬，請回溫再吃。

Pecan pie

胡桃派

胡桃派的歷史可以追溯到 19 世紀，在美國南方幾乎無處不在，被認為是起源於美國南部的傳統甜點。胡桃（山核桃）是產於美國南部的堅果，採收季節從 9 月下旬一直持續到 11 月，使得秋天成為品嘗胡桃派的最佳時機。

喬治亞州是美國胡桃的主要種植地，胡桃沿著密西西比河澆灌的地區生長，人們便利用它來做些甜點食用。最接近現在版本的普遍作法是記錄在 1898 年密蘇里州聖路易斯的一個教會所出版的慈善食譜中，由德克薩斯州的一位婦女所提供。美國文學中也經常提到胡桃派，因為它是代表美國南方的食物，感恩節、聖誕節和其他特別場合都可以看到，在文學上經常被用作是南方的象徵。玉米糖漿製造商卡羅（Karo）也促使了胡桃派的普及流行，據該公司聲稱，在 1930 年代，公司某位銷售主管的妻子用玉米糖漿代替原始配方使用糖蜜來製作胡桃派，而且在玉米糖漿的瓶身也印刷了胡桃派食譜，所以受到大眾歡迎。

胡桃派材料中還使用了雞蛋、麵粉、紅糖、玉米糖漿及波本威士忌。成品可以搭配香草冰淇淋、鮮奶油或巧克力醬一起食用。

Ingredients 材料（份量：6 吋）

a. 派皮

中筋麵粉 80g
冰無鹽奶油 40g
鹽 1/8 茶匙
冰水 40g

b. 派餡

胡桃（山核桃）80g
無鹽奶油 30g
雞蛋 1 個（淨重約 60g）
鹽 1/8 茶匙
細砂糖 15g

黑糖蜜 30g
水麥芽（或玉米糖漿）40g
威士忌 1 茶匙
香草精 1/2 茶匙

Step by step 作法

製作派皮

1 從冰箱取出奶油，切成小丁狀。

2 倒入麵粉、鹽及無鹽奶油丁，蓋上蓋子攪拌至均勻粉末狀。

3 倒入冰水，快速攪拌成團。

4 移至桌面，用保鮮膜包覆放冰箱冷藏 1 小時。

5 派盤塗抹一層無鹽奶油（份量外），再撒上一層薄薄的低筋麵粉，倒掉多餘的粉。

6 在麵團表面撒些中筋麵粉，然後擀開。

7 擀成直徑約 22cm 的片狀，鋪在 6 吋派盤上，將派皮貼緊派盤，用手指捏出花邊。

8 用叉子均勻戳出孔洞，鋪上一張防沾烤紙，鋪上壓派石（石頭、黃豆或紅豆），放入已預熱至 210 度 C 的烤箱中，烘烤 15 分鐘。

9 移除壓派石，再放回烤箱中，溫度調整至 180 度 C 續烘烤 10 分鐘。

10 在派皮表面均勻刷上一層蛋白液，再放入烤箱中烘烤 5-6 分鐘至金黃即可。

11 移出烤箱，冷卻備用。

製作派餡

11 胡桃放入已預熱至 150 度 C 的烤箱中烘烤 7-8 分鐘取出，冷卻備用。

12 保留約 24 個完整的胡桃，其餘切碎。

13 將無鹽奶油加溫融化成液態。

14 雞蛋加鹽及細砂糖，攪拌均勻。

15 先倒入作法 13 的液態無鹽奶油。

16 再依序倒入黑糖蜜、水麥芽、威士忌及香草精攪拌均勻。

17 最後加入切碎的胡桃混合均勻。

18 小心地倒入派皮中。

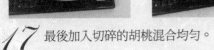

19 表面整齊鋪放整顆的胡桃。

20 放入已預熱至170度C的烤箱中，烘烤30分鐘。

21 取出後脫模，放至完全冷卻再切。

Dutch baby pancake

荷蘭寶貝煎餅（德國煎餅）

美 國 AMERICA

荷蘭寶貝煎餅流行於 1900 年代初的美國，也稱爲德國煎餅或荷蘭泡芙。麵糊是由雞蛋、麵粉、糖及牛奶調製而成，由鑄鐵容器盛裝放入烤箱中烘烤至膨脹金黃，所以也稱爲「鐵鍋煎餅」。作法類似英國約克郡布丁，但與其他煎餅相比，尺寸大很多，而且名稱中雖然有「荷蘭」，但其實跟荷蘭沒有太大的關係。

根據《日落》雜誌（Sunset magazine）報導，Dutch baby 最早是位於美國華盛頓州西雅圖市的曼卡家族（Victor Manca）所經營的餐廳（Manca's café）推出的餐點。其做法是依據德國煎餅而來，Victor Manca 其中一個女兒就用 Dutch baby 來命名新開發的煎餅。但明明是參考德國的做法，但爲什麼要以荷蘭來命名呢？因爲她對二戰時期的德國非常不滿，不想用 Deutsch（德意志共和國）這個名稱，但又希望名稱符合內容，所以改採用文化與生活型態比較近似德國的荷蘭來命名，但該餐廳已於 1950 年代關閉。

烘烤完成的煎餅會膨脹好幾倍，厚實鬆軟帶有奶油香氣，中間的部分還保留著一些濕潤口感，可以依照個人喜歡添加新鮮水果、奶油、巧克力或果醬…等材料，做爲早餐或午茶點心都非常適合。

Ingredients 材料（份量：1個，直徑 16.5cm 鑄鐵盤）

a. 麵糊

牛奶 50g
室溫雞蛋 1 顆（淨重 50g）
鹽 1/8 茶匙
低筋麵粉 40g

b. 配料

檸檬片
冰淇淋及各式新鮮水果丁適量
糖粉（或蜂蜜）適量

c. 烤盤預熱

無鹽奶油 10g

Step by step 作法

  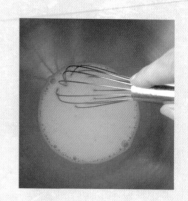

1 將牛奶及雞蛋倒入工作盆中,加入鹽,攪拌均勻。

2 將低筋麵粉過篩,倒入工作盆中,攪拌均勻,備用。

3 烤箱先預熱至 220 度 C,將無鹽奶油放入鑄鐵盤(或烤皿),待奶油融化後,取出鑄鐵盤。

4 帶著手套旋轉一下鑄鐵盤,讓融化的奶油均勻分布在烤盤中,再倒入麵糊。

 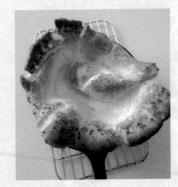

5 再放入烤箱中 220 度 C 烘烤 15 分鐘即可。

6 放上喜歡的水果，再撒上糖粉或淋上蜂蜜即完成。

Baking Notes

1. 沒有鑄鐵盤的話，也可以使用陶瓷烤皿或金
   屬派盤代替，作法步驟完全相同。

2. 配料可以依照個人喜歡的食材做變化。

Pepperoni roll

義式臘腸乳酪捲

在 20 世紀初期，蓬勃發展的煤礦業和鐵路建設吸引了成千上萬的義大利移民，他們舉家搬到美國西維吉尼亞州中北部開採煤炭。

義式臘腸乳酪捲在 20 世紀初期在美國中北部開始流行，吸引了許多來自義大利的移民。其發明人吉塞普 阿爾吉羅（Guiseppe Argiro）在費爾蒙特（Fairmont）開了一家民眾麵包店（People's Bakery），義式臘腸乳酪捲在 1927 年首次出售，作為當地煤礦工人的午餐。義式臘腸乳酪捲攜帶及食用方便，可以塞入背包甚至衣服口袋中帶入礦坑，而且不需要冷藏，又提供了豐富的澱粉及蛋白質，讓工作的工人隨時能夠充飢，因而受到歡迎，其後在城市的便利商店和加油站都能夠看到義式臘腸乳酪捲。

義式臘腸乳酪捲滋味豐富，蓬鬆柔軟的麵包體中間捲入鹹香的臘腸及濃郁的乳酪，讓人隨時都可以解饞，是美味餐點也是可口零食。

Ingredients 材料（份量：2 個）

a. 麵包麵團

高筋麵粉 300g
鹽 3/4 茶匙（約 3g）
細砂糖 20g
速發乾酵母 1/2 茶匙（約 2g）
雞蛋 1 個（約 50-55g）
水 150g
無鹽奶油 30g

b. 內餡

雙色比薩乳酪絲 100g
義大利辣味臘腸 12 片

c. 表面裝飾

全蛋液適量

* 請依照 CH1「麵團基本操作」揉好麵團並發酵 1 小時至兩倍大。

Step by step 作法

1 工作桌上撒些高筋麵粉，將發酵完成的麵團移出到桌面，表面也撒些高筋麵粉。

2 用手將麵團中的空氣壓下去擠出來。

3 平均分切成兩個。

4 光滑面翻折出來，收口捏緊，覆蓋乾淨的布休息 15 分鐘。

5 在麵團表面撒些高筋麵粉，擀開成約 25*25cm 的正方形。

6 先均勻鋪放雙色比薩乳酪絲。

美 國 AMERICA

7 　再排放 6 片義式臘腸，捲起成為柱狀，收口捏緊。

8 　間隔整齊放在烤盤中，表面噴水，整盤放烤箱再發 60 分鐘至
　　兩倍大。

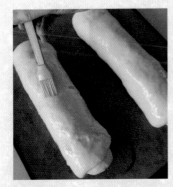  

9 　進爐前，先在麵團表面
　　刷上一層全蛋液。

10 　放入已預熱至 180 度 C
　　　的烤箱中，烘烤 18-20 分
　　　鐘至表面呈現金黃色。

11 　移出烤盤，靜置冷卻。

Manteconcha

奶油貝殼麵包

2018 年 8 月墨西哥克雷塔羅（Querétaro）的一家麵包店「El Manantial」的烘焙師傅約蘇．里維拉．阿里亞加（Josué Rivera Arriaga），在一個與雞蛋、麵粉及糖共渡的平常日子，他將傳統的奶油麵包與貝殼麵包結合在一塊，製作出了新形態的奶油貝殼麵包，沒想到這個無意間完成的麵包竟然受到顧客的歡迎，進而走紅網路而且造成大賣。就像其他傑出的發明一樣，這個麵包小店意外地創造了一個甜蜜的糕點，所以將這款新麵包結合兩種成品的名字取名為：Manteconcha。

有沒有發現，台灣的菠蘿麵包原型其實就是來自墨西哥的傳統貝殼麵包。在墨西哥當地，上方的菠蘿皮除了貝殼紋，也有格紋或螺旋紋，非常多變。看到這個可愛的新產品，會讓人忍不住也嘗試製作，使用天然材料做成彩色菠蘿皮，顏色繽紛又漂亮，很適合搭配咖啡或茶做為早餐或午茶點心享用。

Ingredients 材料（份量：12 個，使用直徑 7.5cm 12 連馬芬烤盤）

a. 表面菠蘿酥皮

無鹽奶油 60g
低筋麵粉 120g
糖粉 60g
全蛋液 30g（全蛋黃 + 蛋白 =30g）
香草精 1/2 茶匙
口味如下，可自行選擇：
· 無糖純可可粉 1/2 茶匙
· 紅麴粉 1/2 茶匙
· 綠茶粉 1 茶匙

b. 奶油麵包麵團

高筋麵粉 240g
低筋麵粉 60g
細砂糖 40g
鹽 2g
速發酵母 3g
雞蛋 1 個（淨重 50g）
牛奶 150g
無鹽奶油 50g

*請依照 CH1「麵團基本操作」揉好麵團並發酵 1 小時至兩倍大。

Step by step 作法

製作表面菠蘿酥皮

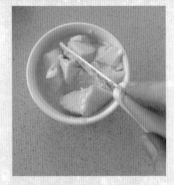

1 奶油切小塊回復室溫。

2 將低筋麵粉過篩，備用。

3 用打蛋器將無鹽奶油攪打成乳霜狀。

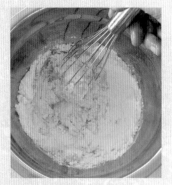

4 加入糖粉打至泛白狀態，打蛋器尾端呈現角狀。

5 加入蛋液攪拌均勻。

6 加入香草精攪拌均勻。

7 再將過篩的低筋麵粉分兩次加入，用刮刀按壓的方式混合成團狀（不要過度攪拌避免麵粉產生筋性影響口感）。

8 將麵團平均分成 4 等份。

9 其中 3 份分別加入無糖純可可粉、紅麴粉及綠茶粉，使用刮刀按壓的方式混合成團狀。

10 將 4 色麵團分別用保鮮膜包覆，放冰箱冷藏備用。

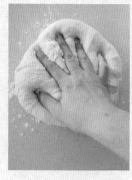

11 工作桌上撒些高筋麵粉,將發酵完成的麵團移出到桌面,表面也撒些高筋麵粉。用手將麵團中的空氣壓下去並擠出來。

12 將麵團平均分切成 12 等份。

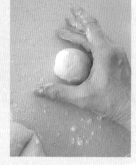

13 麵團光滑面翻折出來滾圓。

14 12 連馬芬模中一一放入油力士紙模。

15 將麵團收口朝下,放入油力士紙模中。

16 麵團表面噴水,放入烤箱中再發酵 50-60 分鐘至滿模。

17 麵團發好前 10 分鐘，從冰箱取出菠蘿皮，將每個顏色的麵團均分成 3 等份，滾圓。

18 小麵團表面沾適量的低筋麵粉，上下鋪放保鮮膜，壓扁成直徑約 8.5cm 片狀。

19 用湯匙在麵皮上壓出貝殼花紋。

20 將菠蘿皮鋪放在發好的麵團表面。

21 放入已預熱到 180 度 C 的烤箱中，烘烤 16-18 分鐘至表面金黃色。

22 出爐後，馬上移出烤模，放至網架上冷卻。

國家圖書館出版品預行編目 (CIP) 資料

Carol 的世界烘焙地圖：到不了的地方，就用甜點吧！/
胡涓涓著 .-- 初版 .-- 新北市：幸福文化出版：遠足文化發行 , 2020.08
面；　公分
ISBN 978-986-5536-09-1(平裝)
1. 點心食譜
427.16　　　　109009505

Carol 的
世界烘焙地圖

到不了的地方，就用甜點吧！

- 作者｜Carol 胡涓涓　　- 主編｜蕭歆儀　　- 特約攝影｜王正毅（封面與部分內頁）　　- 美術設計｜謝捲子
- 印務｜黃禮賢、李孟儒

- 出版總監｜黃文慧　　- 副總編｜梁淑玲、林麗文　　- 主編｜蕭歆儀、黃佳燕、賴秉薇　　- 行銷總監｜祝子慧
- 行銷企劃　林彥伶、朱妍靜　　- 社長｜郭重興　　- 發行人兼出版總監｜曾大福　　- 出版｜幸福文化出版社／遠
足文化事業股份有限公司　　- 地址｜231 新北市新店區民權路 108-1 號 8 樓　　- 粉絲團｜https://www.facebook.
com/Happyhappybooks/　　- 電話｜（02）2218-1417　　- 傳真｜（02）2218-8057

- 發行｜遠足文化事業股份有限公司　　- 地址｜231 新北市新店區民權路 108-2 號 9 樓　　- 電話｜（02）2218-1417
- 傳真｜（02）2218-1142　　- 電郵｜service@bookrep.com.tw　　- 郵撥帳號｜19504465　　- 客服電話｜0800-221-029
- 網址｜www.bookrep.com.tw　　- 法律顧問｜華洋法律事務所 蘇文生律師

- 印製｜成陽印刷股份有限公司　　- 地址｜新北市土城區永豐路 195 巷 9 號　　- 電話｜（02）2265-1491

- 初版一刷　西元 2020 年 8 月　　- Printed in Taiwan 著作權所有 侵犯必究

讀者回函卡

感謝您購買本公司出版的書籍，您的建議就是幸福文化前進的原動力。請撥冗填寫此卡，我們將不定期提供您最新的出版訊息與優惠活動。您的支持與鼓勵，將使我們更加努力製作出更好的作品。

讀者資料

● 姓名：＿＿＿＿ ● 性別：□男 □女 ● 出生年月日：民國　　年　　月　　日
● E-mail：＿＿＿＿＿＿＿＿＿＿＿＿＿＿＿＿＿＿＿＿＿＿＿＿＿
● 地址：□□□□□＿＿＿＿＿＿＿＿＿＿＿＿＿＿＿＿＿＿＿
● 電話：＿＿＿＿＿＿＿　手機：＿＿＿＿＿＿＿　傳眞：＿＿＿＿＿＿＿
● 職業：□學生　　　　□生產、製造　　□金融、商業　　□傳播、廣告
　　　　□軍人、公務　□教育、文化　　□旅遊、運輸　　□醫療、保健
　　　　□仲介、服務　□自由、家管　　□其他

購書資料

1. 您如何購買本書？□一般書店（　　縣市　　　　書店）
　　□網路書店（　　　書店）　□量販店　□郵購　□其他
2. 您從何處知道本書？□一般書店□網路書店（　　　書店）　□量販店　□報紙
　　□廣播　□電視　□朋友推薦　□其他
3. 您購買本書的原因？□喜歡作者　□對內容感興趣　□工作需要　□其他
4. 您對本書的評價：（請填代號 1.非常滿意　2.滿意　3.尚可　4.待改進）
　　□定價　□內容　□版面編排　□印刷　□整體評價
5. 您的閱讀習慣：□生活風格　□休閒旅遊　□健康醫療　□美容造型　□兩性
　　□文史哲　□藝術　□百科　□圖鑑　□其他
6. 您是否願意加入幸福文化 Facebook：□是 □否
7. 您最喜歡作者在本書中的哪一個單元：＿＿＿＿＿＿＿＿＿＿
8. 您對本書或本公司的建議：＿＿＿＿＿＿＿＿＿＿＿＿＿
＿＿＿＿＿＿＿＿＿＿＿＿＿＿＿＿＿＿＿＿＿＿＿＿＿＿＿
＿＿＿＿＿＿＿＿＿＿＿＿＿＿＿＿＿＿＿＿＿＿＿＿＿＿＿
＿＿＿＿＿＿＿＿＿＿＿＿＿＿＿＿＿＿＿＿＿＿＿＿＿＿＿
＿＿＿＿＿＿＿＿＿＿＿＿＿＿＿＿＿＿＿＿＿＿＿＿＿＿＿
＿＿＿＿＿＿＿＿＿＿＿＿＿＿＿＿＿＿＿＿＿＿＿＿＿＿＿

23141
新北市新店區民權路108-2號9樓
遠足文化事業股份有限公司　收

寄回函抽好禮

活動辦法：請詳填本書回函卡並寄回幸福文化，就有機會抽中超熱門烘焙好幫手！

烘王A⁺烤箱（HW-9988）
市價8200元（2個名額）

パンの鍋（胖鍋）第六代MBG-036s麵包機
市價4580元／台（3個名額）

· 活動期間：即日起至2020年11月13日止（以郵戳爲憑）
· 得獎公布：2020年11月20日公布於「幸福文化臉書粉絲專頁」

備註
1. 本活動由幸福文化主辦，幸福文化保有修改與變更活動之權利
2. 本獎品寄送僅限台、澎、金、馬地區
3. 本回函卡影印無效